工业和信息化

精品

系列教材

Python技术

# Python

## 数据预处理

微课版

汪静 郑婷婷 ◉ 主编

柯家海 滕璐瑶 端妮 ◉ 副主编

U0129911

人民邮电出版社

北京

**图书在版编目（ＣＩＰ）数据**

Python数据预处理：微课版 / 汪静 ，郑婷婷主编
. —— 北京 ：人民邮电出版社，2023.3
工业和信息化精品系列教材. Python技术
ISBN 978-7-115-59622-2

Ⅰ．①P… Ⅱ．①汪… ②郑… Ⅲ．①软件工具—程序
设计—教材 Ⅳ．①TP311.561

中国版本图书馆CIP数据核字(2022)第114499号

## 内 容 提 要

本书的设计和编写目标是培养读者的数据思维能力和数据预处理能力，内容具有典型性和实用性，全面介绍基于 Python 的数据预处理的流程和技术。

全书共 8 个单元，单元 1 介绍数据预处理的基础知识，单元 2 介绍 Python 数据预处理工具 pandas 的用法及主要数据结构的用法，单元 3～单元 7 依次介绍数据预处理流程中数据获取、数据合并、数据清洗、数据变换和数据描述等相关知识和技术。

为着重培养读者的动手能力，本书单元 2～单元 7 都配套了任务实践和拓展实训，除单元 8，每个单元还配套了课后习题。单元 8 为综合案例，通过网易云音乐相关数据集展示数据预处理的完整流程，帮助读者全面掌握全书相关知识和技术。

本书适合作为高等教育本、专科院校大数据技术和人工智能技术应用等相关专业的教材，也可作为数据分析培训班和"1+X"数据处理相关职业技能等级证书的教材。

◆ 主　编　汪　静　郑婷婷
　　副主编　柯家海　滕璐瑶　端　妮
　　责任编辑　范博涛
　　责任印制　王　郁　焦志炜

◆ 人民邮电出版社出版发行　　北京市丰台区成寿寺路 11 号
　　邮编　100164　电子邮件　315@ptpress.com.cn
　　网址　https://www.ptpress.com.cn
　　山东百润本色印刷有限公司印刷

◆ 开本：787×1092　1/16
　　印张：11.75　　　　　　　　2023 年 3 月第 1 版
　　字数：284 千字　　　　　　2023 年 3 月山东第 1 次印刷

定价：49.80 元

读者服务热线：(010)81055256　印装质量热线：(010)81055316
反盗版热线：(010)81055315
广告经营许可证：京东市监广登字 20170147 号

# 前言 PREFACE

人工智能技术及其应用飞速发展，在我们生活和工作中都得到大量应用。人工智能取得今天的成就，要归功于推动人工智能发展的关键要素：数据。

数据对于人工智能，就如食材对于美味菜肴，人工智能的"智能"都蕴含在大数据中。管理咨询公司麦肯锡称："数据已经渗透到当今每一个行业和业务职能领域，成为重要的生产因素。人们对于大数据的挖掘和运用，预示着新一波生产力增长和消费盈余浪潮的到来。"

然而从现实世界场景中提取的数据，通常是不完整的（缺少属性值）、不一致的（包含名称或格式的差异）、极易受到噪声（错误或异常值）侵扰的，这样的数据会导致低质量的分析和挖掘结果。因此，数据预处理非常重要，数据只有经过预处理以后，才能变成"合格"的数据。

## ✧ 本书内容

本书旨在让读者了解数据预处理的重要性，掌握数据预处理的基本流程，掌握使用 pandas 完成数据预处理的相关知识和技术，熟悉 JupyterLab 的使用，通过一个完整的综合案例让读者掌握数据预处理的相关技术，为下一步进行数据分析奠定基础。

本书共 8 个单元，采用"知识讲解+代码示例+任务实践+拓展实训+综合案例"的教学方式，从理论到实践，从实践到创新，再到综合应用的讲解模式，具体学习过程如下所示。

| 知识讲解 | 代码示例 | 任务实践 | 拓展实训 | 综合案例 |
| --- | --- | --- | --- | --- |
| 对相关知识点进行学习，理解相关概念 | 编写代码实现，快速掌握相关技术的用法 | 针对实际的任务，利用所学技术解决实际问题 | 针对更复杂的任务，提升技术实践和创新能力 | 典型项目任务，提升数据预处理综合运用能力 |

本书的参考学时为 54 学时，建议采用理论、实践一体化教学模式，各单元的参考学时见下面的学时分配表。

### 学时分配表

| 单元 | 课程内容 | 学时 |
| --- | --- | --- |
| 单元 1 | 数据预处理基础 | 4 |
| 单元 2 | pandas 入门 | 8 |
| 单元 3 | 数据获取 | 6 |
| 单元 4 | 数据合并 | 6 |
| 单元 5 | 数据清洗 | 8 |
| 单元 6 | 数据变换 | 8 |
| 单元 7 | 数据描述 | 8 |
| 单元 8 | 综合案例：网易云音乐数据预处理 | 6 |
| 学时总计 | | 54 |

## ❖ 本书读者对象

- ✓ 大中专院校及相关培训机构的老师和学生
- ✓ 从事数据分析相关工作的人员
- ✓ 热爱 Python 的初学者

## ❖ 读者服务

本书配套有丰富的教学资源，包括教学 PPT、教学大纲、源代码、课后习题及答案等，读者可通过登录人邮教育社区（www.ryjiaoyu.com），获取相关资源，也可发邮件至 29257234@qq.com 获取相关资源。此外，本书在职教云有配套的在线课程，读者可扫描二维码访问。

本书是广东理工职业学院人工智能技术应用专业"岗课赛证"融通的教学成果，由广东理工职业学院汪静和郑婷婷任主编，其中单元 1 和单元 3 由郑婷婷编写，单元 2、单元 4 至单元 8 由汪静编写；广州医科大学柯家海、广州番禺职业技术学院滕璐瑶、南方医科大学端妮作为副主编也参与了本书的编写。在此，特别感谢广东理工职业学院人工智能学院邱炳城院长为本书的编写提出了很多建设性建议，感谢人工智能技术应用专业的全体教师对课程改革提出的宝贵建议。

本书的案例和资源由广东恒电信息科技股份有限公司"恒电菁英智能教学系统平台"提供，该平台获得广州市重点领域研发计划项目"人工智能驱动智慧教育关键技术与应用示范"（202007040006）的支持。有兴趣的读者可以发邮件到 elite@gzhengdian.com 申请试用账号。

由于编者的水平有限，书中难免有疏漏和欠妥之处，请读者批评指正。

编者

2023 年 2 月

# 目录 CONTENTS

# 单元 7

# 单元 8

# 单元 1

## 数据预处理基础

01

### 学习目标

◇ 掌握数据预处理的基本流程

◇ 掌握 Python 开发环境的搭建

◇ 掌握 JupyterLab 的基本使用

---

学而不思则罔，思而不学则殆。

——《论语·为政》

互联网技术的发展，使得我们所生活的世界每天都会出现大量的信息，在这个"信息过载"的时代，如果我们只被动地接受碎片信息而失去自己的思考，将会迷失在大数据中。把学习和思考结合起来，培养数据思维，掌握数据处理的技能，才能让数据真正为我们所用。让我们一起进入数据的世界吧！

---

## 1.1 数据预处理简介

### 1.1.1 数据与数据预处理

数据，已经成为我们在日常生活中非常熟悉的一个词。数据究竟应如何定义呢？在计算机科学中，数据是指所有能输入计算机并被计算机程序处理的符号的总称。数据可以是连续的值，如声音、图像等；也可以是离散的值，如符号、文字等。

近年来，随着信息技术的迅猛发展，数据的快速增长成为许多行业需要共同面对的严峻挑战和宝贵机遇，信息社会已经进入了大数据（Big Data）时代。大数据是信息技术领域的又一创新浪潮，它改变着人们的生活与工作方式，以及企业的运作模式。大数据不仅仅是一种技术，更重要的是其具备利用信息资源的思维、视角和策略。近几年，大数据迅速发展，成为科技界和企业界甚至世界各国政府关注的热点。管理咨询公司麦肯锡称："数据已经渗透到当今每一个行业和业务职能领域，成为重要的生产要素。人们对于大数据的挖掘和运用，预示着新一波生产力增长和消费盈余浪潮的到来。"

数据分析是大数据价值链中重要的阶段，是大数据价值的实现方法，其目的在于提取有用的数据，提供论断建议或支持决策。而数据，则是进行大数据分析及处理的基础。如果没有数据或数据质量不过关，"大数据技术"也无用武之地。

现在所指的"大数据"一般是指规模在 10TB 以上的数据集合。如此大的数据集合，可以通过各种方式获得，比如现在应用广泛的各种传感器的数据、网络上存在的各种形式的数据、各种数据库保存的数据等。在实际工作中，可以通过各种可能的途径和方式来收集数据。但收集的数据往往是无法直接使用的，由于大量数据的采集方式不一、数据源不同等，原始数据往往存在规格或精度不一、属性名称或编码方式不统一、数据缺失、受到噪声影响而造成数据错误或异常等问题，因此原始数据往往是"脏"数据。这些"脏"数据是不能直接使用的，数据预处理的目的就是把这些"脏"数据变成"干净"的数据。简单地说，数据预处理就是将原始数据变成便于进行数据分析或挖掘的数据的过程。所以数据预处理是进行数据分析或挖掘前一个非常必要的过程。

## 1.1.2 数据预处理的重要性

在一个完整的数据分析或挖掘过程中，数据预处理往往要花费大部分时间，而数据质量的好坏往往关系到后续数据分析或挖掘工作的成败。

数据质量是在指定条件下使用数据时，数据的特性满足明确的和隐含的要求的程度。根据全国信息技术标准化技术委员会提出的《信息技术　数据质量评价指标》( GB/T 36344—2018 )，数据质量评价指标包括规范性、完整性、准确性、一致性、时效性、可访问性等。

数据质量评价指标描述如表 1.1.1 所示。

**表 1.1.1　数据质量评价指标描述**

| 名称 | 描述 |
|---|---|
| 规范性 | 数据符合数据标准、数据模型、业务规则、元数据或权威参考数据的程度 |
| 完整性 | 按照数据规则要求，数据元素被赋予数值的程度。包括数据元素的完整性和数据记录的完整性 |
| 准确性 | 数据准确表示其所描述的真实实体（实际对象）真实值的程度。确保数据必须反映真实的业务内容。包括数据内容正确性、数据格式合规性、数据重复率、数据唯一性和"脏"数据出现率等 |
| 一致性 | 数据与其他特定上下文中使用的数据无矛盾的程度。要求数据元素的类型和含义必须一致和清晰。包括相同数据的一致性和关联数据的一致性 |
| 时效性 | 数据在时间变化中的正确程度。包括基于时间段的正确性、基于时间点的及时性和时序性 |
| 可访问性 | 数据能被访问的程度。包括数据在需要时的可获取性和在有效生存周期内的可使用性 |

原始数据集大多是无法达到数据质量要求的。例如，原始数据集可能有缺失值或空值，无法达到完整性的要求；数据的类型不清晰或不一致，无法满足一致性的要求；有些数据的可访问性不能满足数据分析的要求；等等。因此，数据预处理是保证数据满足后续数据分析或挖掘所需质量要求的必要手段，也是数据分析或挖掘的必经过程。

## 1.1.3 数据预处理的过程

数据预处理的过程包括：数据获取、数据合并、数据清洗和数据变换等。数据预处理的主要过程如图 1.1.1 所示，有些步骤可能需要重复执行直至数据满足要求。

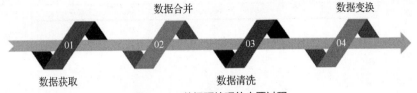

图 1.1.1　数据预处理的主要过程

数据预处理主要过程中各环节的主要目的如下。

① 数据获取就是将网络爬虫、仪器设备等采集的不同数据文件（可能是 TXT、Excel、CSV 这类文件，也可能是存储在数据库中的数据库文件），通过读取加载到内存中，使用 Python 特定的对象来保存，以便进行后续的数据预处理操作。

② 数据合并主要是将存储在多张表中的数据合并到一张表中，便于进行数据分析。通过数据合并，可以将关联的数据信息存入一张表。

③ 数据清洗就是对"脏"数据进行检查与纠正，目的包括处理缺失的值，解决数据的重复和不一致问题等。

④ 数据变换主要是将数据变换成便于数据分析的数据，可将数据从一种类型/格式变换为另一种类型/格式，或按照指定的映射变换为另一种数据。

## 1.2　搭建 Python 开发环境

微课视频

### 1.2.1　Python 概述

Python 是一种强大的、可扩展性强的面向对象编程语言，完稿时通用版本是 Python 3。Python 是解释型的语言，具有跨平台的特性，可以在 Windows、macOS、Linux 等环境下运行。Python 是开源的，具有丰富和强大的库，还能把使用其他语言（包括 C/C++、Java 等）制作的各种模块轻松地联结起来。

Python 具有以下优点。

① 易于学习：Python 的关键字相对较少，代码定义清晰，结构简单，学习起来较为简单，对初学者非常友好。

② 易于维护：Python 的源代码容易阅读，维护相对容易。

③ 具有广泛的标准库：Python 的优势是开源且具有丰富的库，在各种环境中都能较好兼容。

④ 可交互：Python 具有互动模式，可以从终端输入执行代码并获得结果，便于测试和调试代码片段。

⑤ 可移植性较好：基于开放源代码的优势，Python 开发的程序可被移植到多个平台。

⑥ 可扩展性较好：可以将 Python 代码嵌入 C/C++等其他语言编写的程序，也可以通过 Python 代码调用其他语言编写的程序模块。

⑦ 支持数据库接口和 GUI 编程：Python 提供所有主流的商业数据库的接口，也支持图形用户界面（Graphical User Interface，GUI）。

如图 1.2.1 所示，从 TIOBE 编程语言排行榜的数据可以看出，和 2021 年 1 月相比，2022 年 1 月 Python 上升 2 位，超越了 Java 和 C 语言，成为全世界热门的编程语言！

| Jan 2022 | Jan 2021 | Change | Programming Language | | Ratings | Change |
|---|---|---|---|---|---|---|
| 1 | 3 | ∧ | | Python | 13.58% | +1.86% |
| 2 | 1 | ∨ | | C | 12.44% | -4.94% |
| 3 | 2 | ∨ | | Java | 10.66% | -1.30% |
| 4 | 4 | | | C++ | 8.29% | +0.73% |
| 5 | 5 | | | C# | 5.68% | +1.73% |
| 6 | 6 | | VB | Visual Basic | 4.74% | +0.90% |
| 7 | 7 | | JS | JavaScript | 2.09% | -0.11% |
| 8 | 11 | ∧ | ASM | Assembly language | 1.85% | +0.21% |
| 9 | 12 | ∧ | SQL | SQL | 1.80% | +0.19% |
| 10 | 13 | ∧ | | Swift | 1.41% | -0.02% |

图 1.2.1　TIOBE 编程语言社区 2022 年 1 月排行榜

　　Python 的应用非常广泛，相关就业岗位也很多。如图 1.2.2 所示，Python 核心就业岗位主要涉及 Web 开发和人工智能应用开发领域。如图 1.2.3 所示，Python 其他就业岗位涉及爬虫开发、数据分析、自动化运维和测试等领域。

图 1.2.2　Python 核心就业岗位

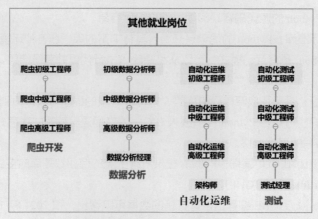

图 1.2.3　Python 其他就业岗位

### 1.2.2　安装 Anaconda

Anaconda 是一个开源的 Python 发行版本，可以对开发环境进行统一管理，包含 conda、Python 等 180 多个科学包及其依赖项，让用户可以高效使用 Python、R 等多种语言，具有安装简单、便于使用和管理等优点。

安装 Anaconda 的过程非常简单，只需先到 Anaconda 的官网选择符合个人计算机操作系统环境的个人版（Individual Edition）进行下载，如图 1.2.4 所示。Anaconda 对个人且非商用是免费的。

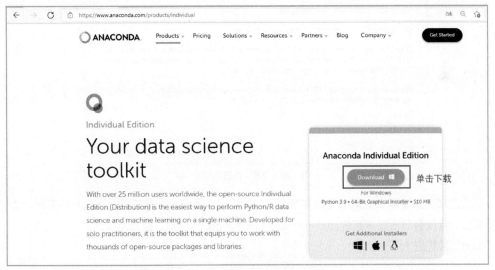

图 1.2.4　下载 Anaconda 个人版

以 Windows 为例，下载安装包后，双击即可启动安装。如图 1.2.5 所示，单击"Next"按钮进入下一步。

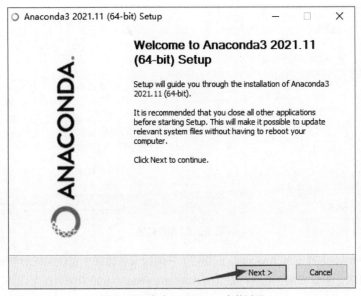

图 1.2.5　启动 Anaconda 安装过程

接着将弹出许可协议，如图 1.2.6 所示。单击"I Agree"按钮即可进入下一步。

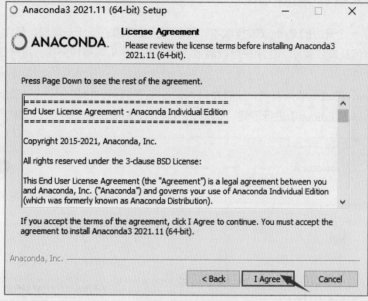

图 1.2.6　许可协议

然后选择允许使用 Anaconda 的用户范围，如图 1.2.7 所示。如果需要为所有用户安装则需要管理员权限，若没有对应权限则选择"Just Me(recommended)"选项。根据需要选择合适的选项后，单击"Next"按钮进入下一步。

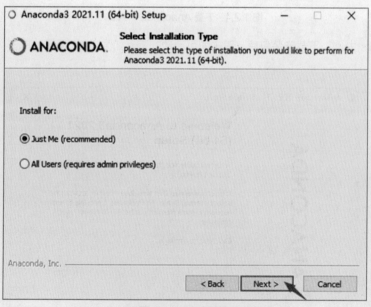

图 1.2.7　用户范围

如图 1.2.8 所示，选择安装 Anaconda 的路径，并确保安装路径所指硬盘的空间能满足 Anaconda 安装和运行的要求。默认安装路径是"C:\Users\hp\anaconda3"，如果想更改可以单击"Browse"按钮重新选择安装路径。注意，安装路径中不能包含空格，最好是全英文的路径。确定安装路径后，单击"Next"按钮进入下一步。

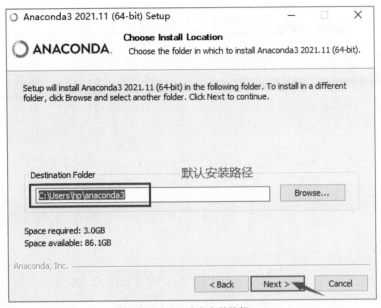

图 1.2.8　确定安装路径

如图 1.2.9 所示，除一定需要，不要勾选"Add Anaconda3 to my PATH environment variable"选项，该选项表示"添加 Anaconda3 到环境变量"，因为勾选该选项可能会影响其他程序的使用。如果将来有需要，可以将 Anaconda 的安装路径手动添加到系统环境变量 Path 中。若不打算使用多个版本的 Anaconda 或多个版本的 Python，则勾选"Register Anaconda3 as my default Python 3.9"选项。单击"Install"按钮即可启动 Anaconda 的安装。

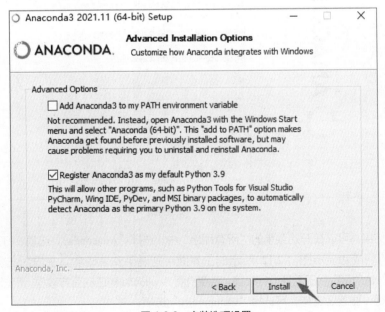

图 1.2.9　安装选项设置

待安装完成后单击"Next"按钮即可，分别如图 1.2.10 和图 1.2.11 所示。

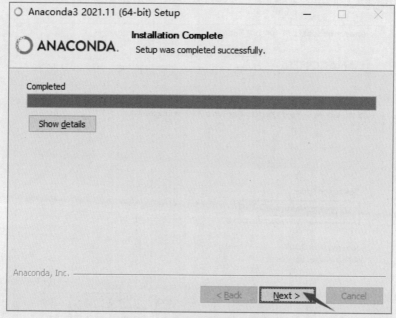

图 1.2.10　启动安装后待安装完成

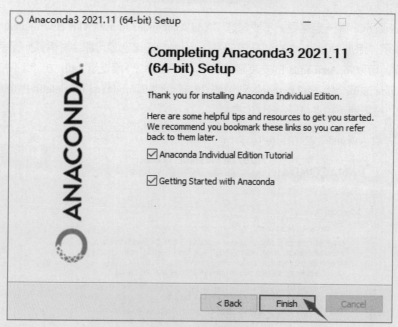

图 1.2.11　安装完成

验证安装结果，可以在开始菜单的"所有程序"中，选择"Anaconda3"选项，打开"Anaconda Navigator"，若能成功显示图 1.2.12 所示的主界面，则说明安装成功。主界面左侧菜单栏中的"Environments"选项可以用于配置运行环境。若要查看 Anaconda 对应的官方教程，可选择"Learning"选项；若要获得一些社区支持，可选择"Community"选项。

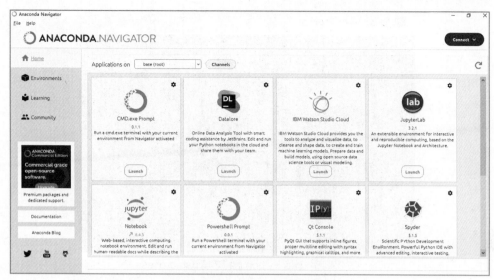

图 1.2.12　Anaconda 主界面

## 1.2.3　创建 Python 虚拟环境

创建 Python 虚拟环境是为了让项目运行在一个独立、局部的 Python 环境中，使得不同环境的项目互不干扰。在开始菜单的"所有程序"中，选择"Anaconda3"→"Anaconda Prompt"选项，打开 Anaconda 的命令行界面，如图 1.2.13 所示。

图 1.2.13　Anaconda 的命令行界面

接下来，如图 1.2.14 所示，在 Anaconda 的命令行界面中使用 conda 命令创建 Python 虚拟环境 dataprocess。

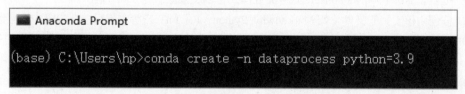

图 1.2.14　创建 Python 虚拟环境

创建 Python 虚拟环境 dataprocess 的语句如下。

```
conda create -n dataprocess python=3.9
```

上述语句利用 conda 创建 Python 版本为 3.9、名字为 dataprocess 的 Python 虚拟环境。创建完成以后，可以在 Anaconda 安装目录 envs 下找到 dataprocess 目录。

接下来需要激活刚创建的 Python 虚拟环境，如图 1.2.15 所示。

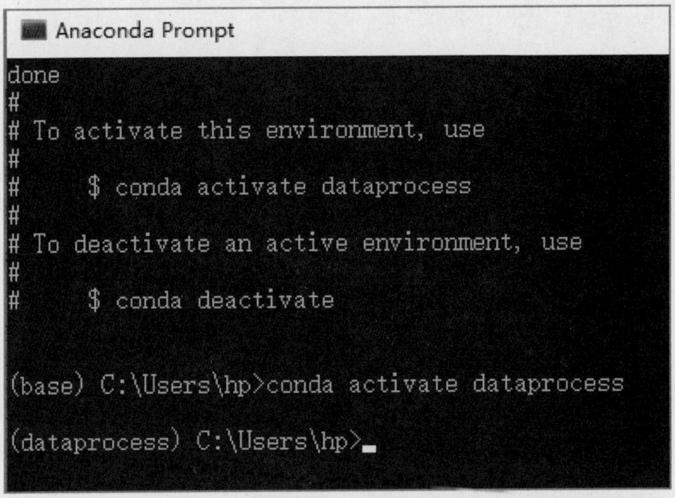

图 1.2.15　激活 Python 虚拟环境 dataprocess

激活 Python 虚拟环境 dataprocess 的语句如下所示。

```
conda activate dataprocess
```

如果想关闭 Python 虚拟环境 dataprocess，即从当前环境中退出并返回使用默认环境，使用的语句如下所示。

```
conda deactivate
```

如果想删除 Python 虚拟环境 dataprocess，则使用的语句如下所示。

```
conda remove -n dataprocess --all
```

## 1.2.4　认识 JupyterLab

JupyterLab 是 Jupyter 的一个拓展，是一个基于 Web 和 Jupyter Notebook 的交互式开发环境。它提供了更好的用户体验。例如，可以同时在一个浏览器页面中打开并编辑多个 Notebook、Console 和 Terminal，并且支持预览和编辑更多种类的文件，如 Python 代码文件、Markdown 文档、JSON 文件、CSV 文件、各种格式的图片等。JupyterLab 包含 Jupyter Notebook 的所有功能。

JupyterLab 有以下优点。

① 提供了 Notebook 和 Console 两种交互模式，以及镜像 Notebook 输出等。

② 任何内核支持的文件（如 Markdown、Python、R、LaTeX 等）都可以在内核中交互运行。

③ 采用模块化界面，支持标签形式的多文件同时编辑，可以在同一个窗口中同时打开多个 Notebook 和文件。

④ 支持同一文档多视图、可视化调试，可实时同步编辑文档并查看结果。

⑤ 支持多种数据格式，可以进行丰富的可视化输出或者 Markdown 文档形式输出。

JupyterLab 的安装很简单，可以直接用 pip 或者 conda 安装。pip 是 Python 包管理工具，该工具提供了对 Python 包进行查找、下载、安装、卸载的功能。pip 安装的是 Python wheel 或者源代码的包，通过源代码安装的时候需要有编译器的支持，pip 不支持 Python 之外的依赖项。Python 2.7.9 或 Python 3.4 以上版本都自带 pip。conda 也是包管理工具，可以用于包的安装和管理。虽然大部分 conda 包是基于 Python 的，但它支持不少使用非 Python 编写的依赖项，比如 mkl、cuda 这种 C 语言、C++

编写的包。而且，conda 安装的都是编译好的二进制包，不需要自行编译，这导致了 conda 安装的包的体积一般比较大，尤其是 mkl。

安装 JupyterLab 的语句如下所示。

方式一：

```
pip install jupyterlab
```

方式二：

```
conda install -c conda-forge jupyterlab
```

在方式二所示的 conda 安装语句中，-c 即-channel（频道），是 conda 查找包的位置。conda-forge 是被 Anaconda 组织收录的库，里面有很多的 Python 包。这条语句表示从 conda-forge 库中查找 jupyterlab 包进行安装。

如图 1.2.16 所示，激活前面创建的 Python 虚拟环境 dataprocess，使用 conda 安装 JupyterLab。

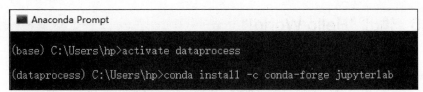

图 1.2.16　安装 JupyterLab

安装完毕后，在命令行界面执行 jupyter lab 即可启动 JupyterLab，如图 1.2.17 所示。

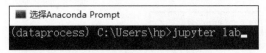

图 1.2.17　启动 JupyterLab

JupyterLab 的主界面如图 1.2.18 所示。主菜单位于窗口顶部，默认菜单说明如下。

图 1.2.18　JupyterLab 主界面

① 文件（File）：与文件和目录相关的操作。

② 编辑（Edit）：与编辑文档和其他活动相关的操作。

③ 视图（View）：改变 JupyterLab 外观的操作。

④ 运行（Run）：在不同活动（如 Notebook 和 Console）中运行代码的操作。

⑤ 内核（Kernel）：管理内核的操作，内核是运行代码的独立进程。

⑥ 选项卡（Tabs）：停靠面板中打开的文档和活动的列表。

⑦ 设置（Settings）：常用设置和高级设置编辑器。

⑧ 帮助（Help）：JupyterLab 和内核帮助链接列表。

主菜单下方显示的按钮依次用于打开新启动器（Launcher）、添加文件夹、上传文件和刷新文件列表，即图 1.2.18 中的椭圆框处。而右侧窗格是主要工作区域，可以在此新建 Notebook、Console、Terminal、Text 文件等。

### 1.2.5 输出"Hello World!"

如图 1.2.19 所示，首先创建一个文件夹 dataprocess，然后在它下面创建文件夹 U1。

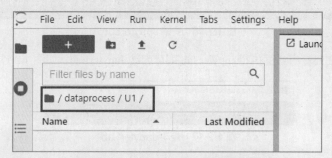

图 1.2.19　在 JupyterLab 中创建文件夹

单击右侧窗格中 Notebook 下的 Python 3 图标，在 U1 目录下创建一个 Notebook 文件，使用鼠标右键单击文件名，选择"rename"，将默认的文件名改为 helloworld.ipynb。创建文件后，启动器窗口会被文件窗口取代，如图 1.2.20 所示。

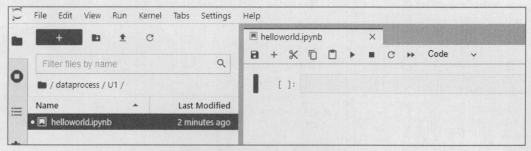

图 1.2.20　helloworld.ipynb 界面

在 helloworld.ipynb 界面的单元格中输入 Python 代码，代码如下所示。

```
print('Hello World!')
```

这行代码用于输出括号中指定的字符串。单击运行按钮，即可运行输入单元格中的代码并得到运行结果，如图 1.2.21 所示。

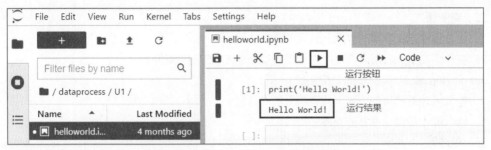

图 1.2.21 helloworld.ipynb 的运行结果

## 1.3 总结

本单元介绍了数据与数据预处理的简单概念、数据预处理的重要性和过程,并介绍了搭建 Python 开发环境的过程和 JupyterLab 的使用。数据预处理是将原始数据变成可进行数据分析或挖掘的数据的过程,是进行数据分析或挖掘前一个非常重要的过程。

本单元知识点的思维导图如下所示。

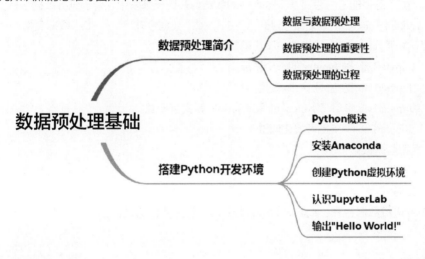

## 课后习题

**一、填空题**

1. 在计算机科学中,(　　　　　　　　)是指所有能输入计算机并被计算机程序处理的符号的总称。

2. 现在所指的大数据一般是指规模在(　　　　　　)以上的数据集合。

3. (　　　　　　　)是在指定条件下使用数据时,数据的特性满足明确的和隐含的要求的程度。

4. 数据预处理的主要步骤中,(　　　　　　　)主要是将数据变换成便于数据分析或数据挖掘的数据。

5. Anaconda 是一个开源的(　　　　　　　)发行版本。

**二、判断题**

1. 经过各种方式收集的数据一般可以直接使用。 （　　）

2. 在一个完整的数据分析过程中，数据预处理占据的时间非常短。 （　　）

3. JupyterLab 是 Jupyter 的一个拓展。 （　　）

4. Python 是解释型的语言，具有跨平台的特性。 （　　）

5. Python 不能提供商业数据库的接口。 （　　）

**三、单选题**

1. 数据质量的（　　）要求确保数据必须反映真实的业务内容。

　　A．正确性　　　　　B．规范性　　　　　C．准确性　　　　　D．一致性

2. 数据质量的（　　）要求数据与其他特定上下文中使用的数据无矛盾。

　　A．正确性　　　　　B．规范性　　　　　C．准确性　　　　　D．一致性

3. （　　）就是对"脏"数据进行的检查与纠正，目的包括补允缺失的值，解决数据的重复和不一致性等。

　　A．数据清洗　　　　B．数据合并　　　　C．数据归约　　　　D．数据变换

4. （　　）的目的是将存储在多张表中的数据合并在一张表中，便于进行数据分析。

　　A．数据清洗　　　　B．数据归约　　　　C．数据合并　　　　D．数据变换

5. 以下关于 JupyterLab 的说法，不正确的是（　　）。

　　A．JupyterLab 是 Jupyter 的一个拓展

　　B．JupyterLab 支持预览和编辑更多种类的文件

　　C．JupyterLab 提供了 Notebook 和 Console 等交互模式

　　D．JupyterLab 不支持可视化调试

6. 下面哪些是数据？（　　）

　　A．声音　　　　　　B．文字　　　　　　C．图像　　　　　　D．以上都是

**四、问答题**

为什么要进行数据合并、数据清洗和数据变换，其主要目的是什么？

# 单元 2

## pandas入门

02

### 学习目标

✧ 掌握 pandas 的安装和导入

✧ 掌握 pandas 中 Series 对象的用法

✧ 掌握 pandas 中 DataFrame 对象的用法

---

千里之行，始于足下。不积跬步，无以至千里。

——《荀子·劝学》

任何远大的目标，都要从眼前细微的小事做起。一件事情的成功，绝不是偶然，必有一个开始，而这一个又一个的开始，则犹如千里之行的"跬步"。要掌握数据处理的技能，就必须先学会 pandas 的使用，让我们开始学习吧！

## 2.1 pandas 概述

微课视频

pandas 是一个快速、强大、灵活且易于使用的开源数据处理和操作工具，它构建在 Python 编程语言之上，2008 年由金融数据分析师 Wes McKinney（韦斯·麦金尼）开发。自 2015 年以来，pandas 成为 NumFOCUS（专注于开源数据科学软件的非营利基金会）赞助的项目，这为 pandas 成为世界级开源项目提供了有力保障。开发 pandas 的初衷是方便进行金融数据分析，现在 pandas 的功能越来越丰富，应用范围也越来越广，几乎所有需要进行数据处理的地方它都可以派上用场。如图 2.1.1 所示，pandas 的官网提供了详细的学习文档（PDF 文件和 HTML 文件都有）。

使用 pandas 进行数据预处理主要有以下亮点。

① 读取：pandas 提供了强大的文件读取方法，可以非常方便地读取 TXT 文件、CSV 文件、Excel 文件、SQL 数据库文件等。

② 清洗：数据集往往存在缺失值、重复值和异常值等，pandas 提供了许多方便快捷的方法来处理这些缺失值、重复值和异常值等。

③ 合并与拼接：pandas 提供了强大的方法，可以很容易实现数据的合并与拼接。

④ 结果展现：pandas 与 matplotlib 库搭配，不用复杂的代码，就可以生成多种多样的数据视图。

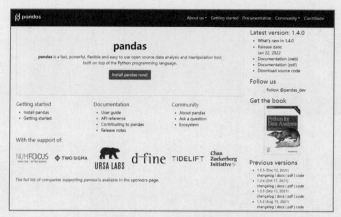

图 2.1.1　pandas 的官网

## 2.2　pandas 的安装和导入

pandas 可以通过 pip 直接安装。如果已经安装好了 pip，则可以使用以下命令对 pandas 进行安装，如果没有指定版本号，默认安装 pandas 的最新版本。

```
pip install pandas
```

pandas 也可以通过 conda 来安装，使用的命令如下所示。

```
conda install pandas
```

在 Anaconda 的命令行界面中输入 "activate dataprocess"，激活单元 1 已经创建的 Python 虚拟环境 dataprocess，然后用 conda 安装 pandas，如图 2.2.1 所示。

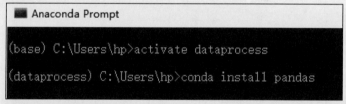

图 2.2.1　在 Python 虚拟环境 dataprocess 中用 conda 安装 pandas

pandas 安装成功以后，在编写代码时，需要导入 pandas。启动 JupyterLab，新建 dataprocess 目录，并在 dataprocess 目录下创建目录 U2，并新建一个 Notebook 文件 test.ipynb。如图 2.2.2 所示，第 1 行代码导入 pandas 并为其取别名为 pd，第 2 行代码输出 pandas 的版本，第 2 行代码中的版本表示 pandas 导入成功，可以使用 pd 来访问 pandas 里面的属性和方法。

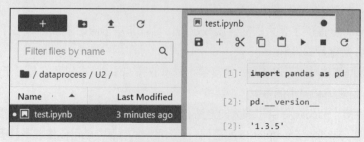

图 2.2.2　导入 pandas

## 2.3 Series 对象

微课视频

pandas 中主要有两种数据结构，分别是 Series 对象和 DataFrame 对象，如表 2.3.1 所示。

表 2.3.1 pandas 的主要数据结构

| 名称 | 描述 | 维数 |
|---|---|---|
| Series 对象 | 带标签的一维同构数组 | 1 |
| DataFrame 对象 | 带标签的、大小可变的二维异构表格 | 2 |

Series 是一种类似于一维数组的对象，是由一组数据和数据相关的标签组成的。DataFrame 对象是一种二维表格型的数据结构，包含一组有序的列，每一列的值可以是不同类型（数值类型、字符串类型、布尔型等）的数据。

### 2.3.1 Series 对象的特点

Series 对象与 Python 的基本数据结构 list（列表）很相近，如表 2.3.2 所示，它们的区别是：list 中元素的数据类型可以是不同的，而 Series 对象中元素的数据类型只能是相同的，这样可以更有效地使用内存，提高运算效率。

表 2.3.2 Series 对象和 list 的比较

| 名称 | 不同点 | 相同点 |
|---|---|---|
| Series 对象 | 元素的数据类型相同 | 一维 |
| list | 元素的数据类型可以不相同 | 二维 |

### 2.3.2 Series 对象的创建

创建 Series 对象时，主要使用 pandas 的构造方法 Series()，代码如下所示。

```
01  import pandas as pd
02  s = pd. Series( data, index, dtype, copy)
```

构造方法 Series() 的参数说明如表 2.3.3 所示。

表 2.3.3 构造方法 Series() 的参数说明

| 序号 | 参数 | 说明 |
|---|---|---|
| 1 | data | 数据的形式，如列表、字典等 |
| 2 | index | 标签，如果没有标签被传递，则默认为 0,1,2… |
| 3 | dtype | 数据类型。如果没有，则会推断数据类型 |
| 4 | copy | 复制数据，默认为 False |

接下来介绍如何创建 Series 对象，以及访问它的常用属性和方法。

**1. 通过列表创建 Series 对象**

我国的四大发明：造纸术、指南针、火药和印刷术。通过列表创建一个 Series 对象来存储它们，代码如下所示。

```
01   import pandas as pd
02   inventions = pd.Series(['造纸术','指南针','火药','印刷术'])
03   inventions
```

第 2 行代码通过调用 pandas 的 Series()构造方法创建 Series 对象，初始化参数为代表四大发明的列表。

执行第 3 行代码，inventions 的输出结果如图 2.3.1 所示。创建 Series 对象时会自动生成整数标签，默认从 0 开始至数据长度减 1，如上述示例的 0、1、2、3。dtype 是数据类型，这里存储的元素为字符串，输出为 object 类型。

```
[3]:  0      造纸术
      1      指南针
      2       火药
      3      印刷术
      dtype: object
```

图 2.3.1  通过列表创建 Series 对象的输出结果

在 Series()构造方法中，还可以通过 index 参数来指定标签值，代码如下所示。

```
01   import pandas as pd
02   inventions = pd.Series(['造纸术','指南针','火药','印刷术'],index=['a','b',
     'c','d'])
03   inventions
```

如图 2.3.2 所示，通过 index 参数来指定标签值后，输出标签分别为 a、b、c、d。

```
[3]:  a      造纸术
      b      指南针
      c       火药
      d      印刷术
      dtype: object
```

图 2.3.2  通过列表创建 Series 对象的输出结果（添加 index 参数）

**2. 通过字典创建 Series 对象**

我国的四大名著：《水浒传》《三国演义》《西游记》《红楼梦》。它们是中国文学史中的经典作品，是宝贵的文化遗产。通过字典（dict，其中键为作者名，值为书名）创建一个 Series 对象来存储它们，代码如下所示。

```
01   import pandas as pd
02   books = pd.Series({'施耐庵':'水浒传','罗贯中':'三国演义','吴承恩':'西游记', '曹
     雪芹':'红楼梦'})
03   books
```

其中，第 2 行代码通过调用 pandas 的 Series()构造方法创建 Series 对象，初始化参数为存储了四大名著的作者名和书名的字典。

执行第 3 行代码，books 的输出结果如图 2.3.3 所示，输出标签为字典的键（这里是作者名），数据为字典的值（这里是书名）。

```
[3]:  施耐庵      水浒传
      罗贯中      三国演义
      吴承恩      西游记
      曹雪芹      红楼梦
      dtype: object
```

图 2.3.3　通过字典创建 Series 对象的输出结果

### 3. Series 对象的常用属性和方法

Series 对象提供了一些常用的属性和方法，如表 2.3.4 所示。

**表 2.3.4　Series 对象的常用属性和方法**

| 序号 | 属性/方法 | 说明 |
|---|---|---|
| 1 | index | 返回 Series 对象的标签 |
| 2 | values | 以数组形式返回 Series 对象的元素的值 |
| 3 | dtype | 返回 Series 对象的数据类型 |
| 4 | size | 返回 Series 对象的元素个数 |
| 5 | empty | 如果 Series 对象为空则返回 True，否则返回 False |
| 6 | head(n) | 返回 Series 对象的前 $n$ 个元素，默认返回前 5 个 |
| 7 | tail(n) | 返回 Series 对象的后 $n$ 个元素，默认返回后 5 个 |

接着上面的四大名著示例，使用这些属性和方法访问 Series 对象 books，代码如下所示。

```
01  import pandas as pd
02  books = pd.Series({'施耐庵':'水浒传','罗贯中':'三国演义','吴承恩':'西游记','曹雪
    芹':'红楼梦'})
03  books.index
04  books.values
05  books.dtype
06  books.empty
07  books.size
08  books.head()
09  books.tail()
```

执行第 3 行代码，books.index 的输出结果如图 2.3.4 所示，输出标签为字典的键（这里就是四大名著的作者名）。

```
[3]:  Index(['施耐庵', '罗贯中', '吴承恩', '曹雪芹'], dtype='object')
```

图 2.3.4　books.index 的输出结果

执行第 4 行代码，books.values 的输出结果如图 2.3.5 所示，输出元素的值为字典的值（这里就是四大名著的书名），array 表示数组。

```
[4]: array(['水浒传', '三国演义', '西游记', '红楼梦'], dtype=object)
```

图 2.3.5　books.values 的输出结果

执行第 5 行代码，books.dtype 的输出结果如图 2.3.6 所示，dtype('O')表示 pandas 的 object 类型。

```
[5]: dtype('O')
```

图 2.3.6　books.dtype 的输出结果

执行第 6 行代码，books.empty 的输出结果如图 2.3.7 所示，False 表示 books 不为空，如果为空则输出 True。

```
[6]: False
```

图 2.3.7　books.empty 的输出结果

执行第 7 行代码，books.size 的输出结果如图 2.3.8 所示，表示 books 里面有 4 个元素。

```
[7]: 4
```

图 2.3.8　books.size 的输出结果

执行第 8 行代码，books.head()的输出结果如图 2.3.9 所示，head()方法默认返回前 5 个元素，books 里面只有 4 个元素，所以全部输出。

```
[8]: 施耐庵      水浒传
     罗贯中      三国演义
     吴承恩      西游记
     曹雪芹      红楼梦
     dtype: object
```

图 2.3.9　books.head()的输出结果

执行第 9 行代码，books.tail()的输出结果如图 2.3.10 所示，tail()方法默认返回后 5 个元素，books 里面只有 4 个元素，所以全部输出。

```
[9]: 施耐庵      水浒传
     罗贯中      三国演义
     吴承恩      西游记
     曹雪芹      红楼梦
     dtype: object
```

图 2.3.10　books.tail()的输出结果

### 2.3.3 Series 对象的索引

Series 对象的索引可以使用标签、下标和切片 3 种方式实现。

#### 1. 使用标签索引

Series 对象的标签索引用[]表示，里面是标签的名称，输出结果为该标签对应的元素，代码如下所示。

```
01  import pandas as pd
02  inventions = pd.Series(['造纸术','指南针','火药','印刷术'],index=['a',
    'b','c','d'])
03  inventions['a']
```

第 2 行代码通过 index 指定标签依次为 'a'、'b'、'c'、'd'。

第 3 行代码通过标签'a'索引输出第一个元素'造纸术'，输出结果如图 2.3.11 所示。

```
[3]:  '造纸术'
```

图 2.3.11  inventions['a']的输出结果

#### 2. 使用下标索引

下标从 0 开始，[0]表示 Series 对象的第一个元素，[1]表示 Series 对象的第二个元素，以此类推。如果 Series 对象中有 $N$ 个元素，则下标的取值为 $0 \sim N-1$。使用下标索引的代码如下所示。

```
01  import pandas as pd
02  inventions = pd.Series(['造纸术','指南针','火药','印刷术'])
03  inventions[0]
```

第 2 行代码通过 Series()构造方法创建了一个 Series 对象，这里没有指定 index，则默认的下标依次为 0,1,2,…。

第 3 行代码 inventions[0]的输出结果是'造纸术'，如图 2.3.12 所示，通过[0]索引输出第一个元素'造纸术'。

```
[3]:  '造纸术'
```

图 2.3.12  inventions[0]的输出结果

**注意**　　由于 Series 对象本身默认的标签是整数，取值从 0 开始至数据长度减 1。那么当想要使用[−1]选取最后一个元素时，pandas 会把传入的整数认为是对 Series 对象本身标签的引用，由于其本身的标签不存在−1，因此就会抛出 KeyError:−1 错误。但是，当 Series 对象本身的标签不是整数，而是其他类型数据时，则使用[−1]会索引输出最后一个元素，即当下标为负数时则反向输出，以此类推。

```
01  import pandas as pd
02  inventions = pd.Series(['造纸术','指南针','火药','印刷术'],index=['a',
    'b','c','d'])
```

```
03    inventions[-1]
04    inventions[-2]
```

如图 2.3.13 所示，执行第 3 行代码，通过[-1]索引输出最后一个元素'印刷术'。如图 2.3.14 所示，执行第 4 行代码，通过[-2]索引输出倒数第二个元素'火药'。

[3]: '印刷术'        [4]: '火药'

图 2.3.13  inventions[−1]的输出结果        图 2.3.14  inventions[−2]的输出结果

### 3. 使用切片索引

对 Series 对象进行切片索引时，既可以使用标签进行切片索引，也可以使用下标来进行切片索引。

Series 对象使用标签进行切片索引时，既包含标签索引开始的元素，也包含标签索引结束的元素，代码如下所示。

```
01    import pandas as pd
02    inventions = pd.Series(['造纸术','指南针','火药','印刷术'],index=['a',
      'b','c','d'])
03    inventions['a':'c']
04    inventions[0:2]
```

执行第 3 行代码，使用标签进行切片['a':'c']索引时，如图 2.3.15 所示，则会输出前 3 个元素。

```
[3]: a    造纸术
     b    指南针
     c    火药
     dtype: object
```

图 2.3.15  inventions['a':'c']的输出结果

第 2 行代码指定了标签，但仍可以使用下标索引，默认的下标依次为 0,1,2,…。使用下标进行切片索引时，不会包含下标索引结束的元素。

第 4 行代码使用下标进行切片[0:2]索引，如图 2.3.16 所示，只输出前两个元素。

```
[4]: a    造纸术
     b    指南针
     dtype: object
```

图 2.3.16  inventions[0:2]的输出结果

## 2.3.4  Series 对象的操作

微课视频

Series 对象提供了很多方法对其存储的元素进行操作，本小节主要介绍利用 Series 对象的方法对存储的元素进行增加、删除、修改、排序和筛选等操作。

我国的五大名山是：东岳泰山（海拔约 1545.0 m）、南岳衡山（海拔约 1300.2 m）、西岳华山（海拔约 2154.9 m）、北岳恒山（海拔约 2016.1 m）、中岳嵩山（海拔约 1491.7 m）。首先，通过一个字典创建了 Series 对象 mountains，存储了东岳泰山、南岳衡山和西岳华山的海拔，代码如下所示。

```
01  import pandas as pd
02  mountains = pd.Series({'东岳泰山':1545.0,'南岳衡山':1300.2,'西岳华山':2154.9})
03  mountains
```

执行第 3 行代码，如图 2.3.17 所示，输出 mountains 存储的元素。山名作为元素的标签，山的海拔作为元素的值，其类型为 float64。

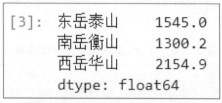

图 2.3.17  mountains 的输出结果

### 1. 增加

Series 对象可以通过标签来增加单个元素。接着上面的示例，在 mountains 里增加北岳恒山的海拔，代码如下所示。

```
01  import pandas as pd
02  mountains = pd.Series({'东岳泰山':1545.0,'南岳衡山':1300.2,'西岳华山':2154.9})
03  mountains
04  mountains['北岳恒山'] = 2016.1
05  mountains
```

执行第 3 行和第 4 行代码，如图 2.3.18 所示，mountains 的末尾增加了北岳恒山和它的海拔。

```
[5]:  东岳泰山      1545.0
      南岳衡山      1300.2
      西岳华山      2154.9
      北岳恒山      2016.1
      dtype: float64
```

图 2.3.18  通过标签增加单个元素后，mountains 的输出结果

Series 对象还可以通过 append()方法来连接另一个 Series 对象，并将其附加到前一个 Series 对象的末尾。

接着上面的示例，创建 Series 对象 mountain2,存储中岳嵩山的海拔，然后 mountains 调用 append()方法连接 mountain2，代码如下所示。

```
06  mountain2 = pd.Series({'中岳嵩山':1491.7})
07  mountains.append(mountain2)    # 通过 append()连接另一个 Series 对象
```

执行第 6 行和第 7 行代码，如图 2.3.19 所示，mountains 的末尾增加了中岳嵩山和它的海拔。

```
[7]:  东岳泰山       1545.0
      南岳衡山       1300.2
      西岳华山       2154.9
      北岳恒山       2016.1
      中岳嵩山       1491.7
      dtype: float64
```

图 2.3.19　mountains 调用 append()方法连接 mountain2 后的输出结果

### 2. 删除

Series 提供了 drop()方法，该方法可以通过标签删除相应的元素，drop()方法的常用参数说明如表 2.3.5 所示。

表 2.3.5　drop()方法的常用参数说明

| 序号 | 参数 | 说明 |
| --- | --- | --- |
| 1 | label | 要删除元素的标签名称，若没有标签，则可以用默认的整数下标 |
| 2 | axis | 默认为 0 |
| 3 | inplace | 默认为 False，操作不改变原数据，而是返回一个执行删除操作后的新 Series 对象；若指定为 True，则直接在原数据上进行删除操作 |

通过 drop()方法删除元素的代码如下所示。

```
01  import pandas as pd
02  mountains = pd.Series({'东岳泰山':1545.0,'南岳衡山':1300.2,'西岳华山':2154.9})
03  mountains.drop('南岳衡山',inplace=True)   #删除南岳衡山，直接在原数据上操作
04  mountains
```

执行第 3 行和第 4 行代码，如图 2.3.20 所示，删除了南岳衡山和它的海拔。

```
[4]:  东岳泰山       1545.0
      西岳华山       2154.9
      dtype: float64
```

图 2.3.20　通过标签删除元素的输出结果

还可以通过标签数组，使用 drop()方法一次性删除多个元素，代码如下所示。

```
01  import pandas as pd
02  mountains = pd.Series({'东岳泰山':1545.0,'南岳衡山':1300.2,'西岳华山':2154.9})
03  mountains.drop(labels=['东岳泰山','西岳华山'],inplace=True)   #删除东岳泰山和西岳华山
04  mountains
```

执行第 3 行和第 4 行代码，如图 2.3.21 所示，mountains 使用 drop()方法通过 labels 参数指定的标签数组删除了东岳泰山和西岳华山及它们的海拔。

```
[4]:  南岳衡山       1300.2
      dtype: float64
```

图 2.3.21　通过标签数组删除多个元素的输出结果

### 3. 修改

与增加操作类似，Series 对象可以直接通过标签来修改元素的值，代码如下所示。

```
01  import pandas as pd
02  mountains = pd.Series({'东岳泰山':1545.0,'南岳衡山':1300.2,'西岳华山':2154.9})
03  mountains['西岳华山']=2155.0    #修改西岳华山的海拔为 2155.0m
04  mountains
```

执行第 3 行和第 4 行代码，如图 2.3.22 所示，mountains 中西岳华山的海拔被修改为 2155.0m。

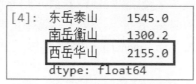

**图 2.3.22　通过标签修改元素的值**

### 4. 排序

Series 对象可以使用 sort_values()方法按存储的元素的值来排序，排序时默认按升序排列。设置参数 ascending=False，可以指定按降序排列，代码如下所示。

```
01  import pandas as pd
02  mountains = pd.Series({'东岳泰山':1545.0, '南岳衡山':1300.2, '西岳华山':
    2154.9, '北岳恒山':2016.1,' 中岳嵩山':1491.7})
03  mountains.sort_values()                  #按值排序，默认按升序排列
04  mountains.sort_values(ascending=False)   #按值排序，指定按降序排列
```

执行第 3 行代码，如图 2.3.23 所示，mountains 中的元素按五大名山的海拔升序排列。

```
[3]:  南岳衡山    1300.2     低
      中岳嵩山    1491.7
      东岳泰山    1545.0
      北岳恒山    2016.1
      西岳华山    2154.9     高
      dtype: float64
```

**图 2.3.23　mountains 的元素按值升序排列后的输出结果**

执行第 4 行代码，如图 2.3.24 所示，若设置 ascending=False，则 mountains 中的元素按五大名山的海拔降序排列。

```
[4]:  西岳华山    2154.9     高
      北岳恒山    2016.1
      东岳泰山    1545.0
      中岳嵩山    1491.7
      南岳衡山    1300.2     低
      dtype: float64
```

**图 2.3.24　设置 ascending=False 按值降序排列后的输出结果**

Series 对象还可以使用 sort_index()方法，通过标签来排序，默认按升序排列。当标签为字符时，根据 Unicode 编码值来排序。设置标签为东（Unicode 编码值为\u4e1c）、南（Unicode 编码值为\u5357）、西（Unicode 编码值为\u897f）、北（Unicode 编码值为\u5317）、中（Unicode 编码值为\u4e2d），代码如下所示。

```
01  import pandas as pd
02  mountains = pd.Series({'东':1545.0,'南':1300.2,'西':2154.9,'北':2016.1,'中':
    1491.7})
03  mountains.sort_index()  # 按标签（Unicode 编码值）排序，默认按升序排列
04  mountains.sort_index(ascending=False)  # 按标签排序，指定按降序排列
```

执行第 3 行代码，如图 2.3.25 所示，mountains 中的元素按标签的 Unicode 编码值升序排列。

```
[3]:  东    1545.0
      中    1491.7
      北    2016.1
      南    1300.2
      西    2154.9
      dtype: float64
```

图 2.3.25　mountains 中的元素按标签的 Unicode 编码值升序排列后的输出结果

执行第 4 行代码，如图 2.3.26 所示，mountains 中的元素按标签的 Unicode 编码值降序排列。

```
[4]:  西    2154.9
      南    1300.2
      北    2016.1
      中    1491.7
      东    1545.0
      dtype: float64
```

图 2.3.26　mountains 中的元素按标签的 Unicode 编码值降序排列后的输出结果

### 5. 筛选

Series 对象通过对元素的值进行条件判断，可以进行元素筛选。筛选输出海拔大于 1500m 的东岳泰山、西岳华山和北岳恒山，代码如下所示。

```
01  import pandas as pd
02  mountains = pd.Series({'东岳泰山':1545.0,'南岳衡山':1300.2,'西岳华山':2154.9,
    '北岳恒山':2016.1,'中岳嵩山':1491.7})
03  mountains[mountains>1500]    #筛选输出海拔大于 1500m 的山
```

执行第 3 行代码，如图 2.3.27 所示，筛选输出海拔大于 1500m 的山，分别为东岳泰山（1545.0m）、西岳华山（2154.9m）、北岳恒山（2016.1m）。

```
[3]:  东岳泰山    1545.0
      西岳华山    2154.9
      北岳恒山    2016.1
      dtype: float64
```

图 2.3.27　mountains 的筛选输出结果

Series 对象还提供了 isnull()方法来判断元素是否有空值，如果元素的值为空则输出 True，否则输出 False，代码如下所示。

```
01   import pandas as pd
02   s = pd.Series({'a':1,'b':2},index=['a','b','c'])
03   s.isnull()        #判断 s 中的元素是否存在空值
04   s[s.isnull()]     #查看 s 中的元素的空值
```

执行第 3 行代码，如图 2.3.28 所示，前两个元素的值不为空，第 3 个元素的值为空。

```
[3]: a    False
     b    False
     c    True
     dtype: bool
```

图 2.3.28　通过 isnull()方法进行空值筛选

执行第 4 行代码，如图 2.3.29 所示，s 中元素的空值表示为 NaN。在实际数据处理中，可以通过 isnull()这个方法筛选空值，并进行相应的删除或者补全的操作。

```
[4]: c    NaN
     dtype: float64
```

图 2.3.29　查看 Series 对象的空值

微课视频

## 任务实践 2-1：小明成绩表的操作

**说 明**　已知小明同学的 Python、Java、C、C++、JavaScript 和 C#这 6 门课程的成绩，如表 2.3.6 所示。

表 2.3.6　小明同学的成绩

| 序号 | 课程 | 成绩 |
| --- | --- | --- |
| 1 | Python | 90 |
| 2 | Java | 88 |
| 3 | C | 75 |
| 4 | C++ | 70 |
| 5 | JavaScript | 85 |
| 6 | C# | 86 |

请创建一个 Series 对象来存储该成绩表，完成下面的任务。

① 访问表 2.3.4 中的常用属性和方法，输出程序运行结果。

② 通过标签，分别查看课程 Python 和 Java 的成绩。

③ 通过标签，删除课程 C#的成绩。

④ 通过标签，修改课程 C++的成绩为 72。

⑤ 将成绩按照降序排列，并输出排序后的结果。

以上 5 个任务的代码如下所示。

```
01   import pandas as pd
02   score = pd.Series({'Python':90,'Java':88,'C':75,'C++':70,'JavaScript':85,
     'C#':86})
03   score.index
04   score.values
05   score.dtype
06   score.empty
07   score.size
08   score.head()        #默认输出前 5 个元素
09   score.tail()          #默认输出后 5 个元素
10   score['Python']      #通过标签查看课程 Python 的成绩
11   score['Java']         #通过标签查看课程 Java 的成绩
12   score.drop(['C#'],inplace=True)
13   score
14   score['C++'] = 72
15   score
16   score.sort_values(ascending=False)      #按成绩降序排列
```

第 2 行代码通过字典创建了一个 Series 对象 score，标签为课程名称，值为成绩。

第 3～7 行代码分别查看 index、values、dtype、empty 和 size 属性，输出结果如图 2.3.30 所示。

```
[3]: Index(['Python', 'Java', 'C', 'C++', 'JavaScript', 'C#'], dtype='object')

[4]: array([90, 88, 75, 70, 85, 86], dtype=int64)

[5]: dtype('int64')

[6]: False

[7]: 6
```

图 2.3.30  查看 Series 对象 score 的属性

第 8 行代码通过调用 head()方法，输出 score 中的前 5 个元素，如图 2.3.31 所示。

```
[8]: Python        90
     Java          88
     C             75
     C++           70
     JavaScript    85
     dtype: int64
```

图 2.3.31  输出 score 中的前 5 个元素

第 9 行代码通过调用 tail()方法，输出 score 中的后 5 个元素，如图 2.3.32 所示。

```
[9]: Java           88
     C              75
     C++            70
     JavaScript     85
     C#             86
     dtype: int64
```

图 2.3.32　输出 score 中的后 5 个元素

第 10 行和第 11 行代码通过标签，分别查看 score 中课程 Python 和 Java 的成绩，输出结果如图 2.3.33 所示。

```
[10]: 90
[11]: 88
```

图 2.3.33　通过标签查看 score 中课程 Python 和 Java 的成绩

第 12 行代码通过标签删除了课程 C#的成绩。

第 13 行代码再次查看 score 中的元素，输出结果如图 2.3.34 所示，已经没有了课程 C#的成绩。

```
[13]: Python         90
      Java           88
      C              75
      C++            70
      JavaScript     85
      dtype: int64
```

图 2.3.34　通过标签删除了课程 C#的成绩后 score 中的元素

第 14 行代码通过标签修改了课程 C++的成绩。

第 15 行代码再次查看 score 中的元素，输出结果如图 2.3.35 所示，课程 C++的成绩已经被修改为 72。

```
[15]: Python         90
      Java           88
      C              75
      C++            72
      JavaScript     85
      dtype: int64
```

图 2.3.35　通过标签修改了课程 C++的成绩后 score 中的元素

第 16 行代码指定 score 中的元素按照成绩降序排列，输出结果如图 2.3.36 所示。

```
[16]: Python          90
      Java            88
      JavaScript      85
      C               75
      C++             72
      dtype: int64
```

图 2.3.36　score 中的元素按成绩降序排列的输出结果

# 2.4　DataFrame 对象

微课视频

DataFrame 对象是 pandas 中重要、常用的数据结构。

## 2.4.1　DataFrame 对象的特点

DataFrame 对象是一种二维表格型的数据结构，包含一组有序的列，每一列的值可以是不同类型（数值类型、字符串类型、布尔型等）的数据。DataFrame 对象既有行标签（index），也有列标签（columns），如图 2.4.1 所示。

| | | mountain | province | city |
|---|---|---|---|---|
| | 0 | 黄山 | 安徽 | 黄山 |
| | 1 | 泰山 | 山东 | 泰安 |
| | 2 | 庐山 | 江西 | 九江 |
| | 3 | 恒山 | 山西 | 大同 |

图 2.4.1　DataFrame 对象的结构

## 2.4.2　DataFrame 对象的创建

通过 pandas 的 DataFrame()构造方法就可以创建 DataFrame 对象，代码如下所示。

```
01  import pandas as pd
02  df = pd. DataFrame( data, index, columns, dtype, copy)
```

和 Series 对象的构造方法相比，该构造方法增加了 columns 参数。DataFrame()构造方法的参数说明如表 2.4.1 所示。

表 2.4.1　DataFrame()构造方法的参数说明

| 序号 | 参数 | 说明 |
|---|---|---|
| 1 | data | 数据的形式，如二维数组、字典等 |
| 2 | index | 行标签，如果没有标签被传递，则默认为 0,1,2… |
| 3 | columns | 列标签，如果没有标签被传递，则默认为 0,1,2… |
| 4 | dtype | 数据类型。如果没有，则会推断数据类型 |
| 5 | copy | 复制数据，默认为 False |

接下来分别介绍如何通过二维数组和字典创建 DataFrame 对象，以及 DataFrame 对象的常用属

性和方法。

### 1. 通过二维数组创建 DataFrame 对象

通过二维数组来创建 DataFrame 对象，保存的数据为图 2.4.1 展示的一些中国名山的信息，代码如下所示。

```
01  import pandas as pd
02  data=[['黄山','安徽','黄山',1864.8],[ '泰山','山东','泰安',1545.0],
         ['庐山','江西','九江',1474.0],[ '恒山','山西','大同',2016.1],
         ['华山','陕西','渭南',2154.9],[ '衡山','湖南','衡阳',1300.2]]
03  columns=['mountain', 'province', 'city', 'height']
04  mountainsDF = pd. DataFrame( data=data, columns=columns)
05  mountainsDF
```

第 2 行代码定义了一个二维数组 data 来存储这些名山的信息。

第 3 行代码指定了列标签。

第 4 行代码通过 DataFrame()构造方法来创建 DataFrame 对象，传递参数为第 2 行代码定义的数据 data 和第 3 行代码定义的列标签。

第 5 行代码执行以后的输出结果如图 2.4.2 所示，行标签默认为 0,1,…,5。

| [5]: | mountain | province | city | height |
|---|---|---|---|---|
| **0** | 黄山 | 安徽 | 黄山 | 1864.8 |
| **1** | 泰山 | 山东 | 泰安 | 1545.0 |
| **2** | 庐山 | 江西 | 九江 | 1474.0 |
| **3** | 恒山 | 山西 | 大同 | 2016.1 |
| **4** | 华山 | 陕西 | 渭南 | 2154.9 |
| **5** | 衡山 | 湖南 | 衡阳 | 1300.2 |

图 2.4.2　通过二维数组创建 DataFrame 对象的输出结果

### 2. 通过字典创建 DataFrame 对象

也可以通过字典来创建 DataFrame 对象，代码如下所示。

```
01  import pandas as pd
02  mountainsDF = pd.DataFrame(
              {'mountain':['黄山','泰山','庐山','恒山','华山','衡山'],
               'province':['安徽','山东','江西','山西','陕西','湖南'],
               'city':['黄山','泰安','九江','大同','渭南','衡阳'],
               'height':[1864.8,1545.0,1474.0,2016.1,2154.9,1300.2]
              })
03  mountainsDF
```

第 2 行代码直接通过字典来创建 DataFrame 对象。

执行第 3 行代码的输出结果如图 2.4.3 所示，字典的键直接作为 DataFrame 对象的列标签，行标签还是默认为 0,1,…,5。

| [3]: | mountain | province | city | height |
|---|---|---|---|---|
| **0** | 黄山 | 安徽 | 黄山 | 1864.8 |
| **1** | 泰山 | 山东 | 泰安 | 1545.0 |
| **2** | 庐山 | 江西 | 九江 | 1474.0 |
| **3** | 恒山 | 山西 | 大同 | 2016.1 |
| **4** | 华山 | 陕西 | 渭南 | 2154.9 |
| **5** | 衡山 | 湖南 | 衡阳 | 1300.2 |

图 2.4.3　通过字典创建 DataFrame 对象的输出结果

### 3. DataFrame 对象的常用属性和方法

DataFrame 对象提供了一些常用的属性和方法，如表 2.4.2 所示。

**表 2.4.2　DataFrame 对象的常用属性和方法**

| 序号 | 属性/方法 | 说明 |
|---|---|---|
| 1 | index | 返回 DataFrame 对象的行标签信息 |
| 2 | columns | 返回 DataFrame 对象的列标签信息 |
| 3 | values | 返回 DataFrame 对象所有元素的值 |
| 4 | dtypes | 返回 DataFrame 对象的数据类型 |
| 5 | T | DataFrame 对象中元素的行/列数据转换 |
| 6 | shape | 返回 DataFrame 对象的行数([0])、列数([1]) |
| 7 | head(n) | 返回 DataFrame 对象的前 $n$ 行元素，默认返回前 5 行 |
| 8 | tail(n) | 返回 DataFrame 对象的后 $n$ 行元素，默认返回后 5 行 |
| 9 | info() | 返回 DataFrame 对象中元素的完整信息，包括行/列标签、数据类型、是否有空值、占用的内存大小等 |

接着上面的示例，访问 DataFrame 对象 mountainsDF 属性和方法，代码如下所示。

```
01   import pandas as pd
02   mountainsDF = pd.DataFrame(
                {'mountain':['黄山','泰山','庐山','恒山','华山','衡山'],
                 'province':['安徽','山东','江西','山西','陕西','湖南'],
                 'city':['黄山','泰安','九江','大同','渭南','衡阳'],
                 'height':[1864.8,1545.0,1474.0,2016.1,2154.9,1300.2]
                })
03   mountainsDF.index
04   mountainsDF.columns
05   mountainsDF.values
06   mountainsDF.dtypes
07   mountainsDF.T
```

```
08   mountainsDF.shape[0]
09   mountainsDF.shape[1]
10   mountainsDF.head()
11   mountainsDF.tail()
12   mountainsDF.info()
```

第 3 行代码返回 mountainsDF 的行标签信息，如图 2.4.4 所示。

```
[3]:  RangeIndex(start=0, stop=6, step=1)
```

图 2.4.4　mountainsDF.index 的输出结果

第 4 行代码返回 mountainsDF 的列标签信息，如图 2.4.5 所示。

```
[4]:  Index(['mountain', 'province', 'city', 'height'], dtype='object')
```

图 2.4.5　mountainsDF.columns 的输出结果

第 5 行代码返回 mountainsDF 中元素值的信息，输出结果就是一个二维数组，如图 2.4.6 所示。

```
[5]:  array([['黄山', '安徽', '黄山', 1864.8],
             ['泰山', '山东', '泰安', 1545.0],
             ['庐山', '江西', '九江', 1474.0],
             ['恒山', '山西', '大同', 2016.1],
             ['华山', '陕西', '渭南', 2154.9],
             ['衡山', '湖南', '衡阳', 1300.2]], dtype=object)
```

图 2.4.6　mountainsDF.values 的输出结果

第 6 行代码返回 mountainsDF 中元素的数据类型信息，如图 2.4.7 所示。

```
[6]:  mountain      object
      province      object
      city          object
      height        float64
      dtype: object
```

图 2.4.7　mountainsDF.dtypes 的输出结果

第 7 行代码将 mountainsDF 中元素的行/列数据进行转换，如图 2.4.8 所示，即行/列数据互换，行标签和列标签互换。注意，mountainsDF.T 并没有改变 mountainsDF 中原有元素的位置。

| [7]: | 0 | 1 | 2 | 3 | 4 | 5 |
|---|---|---|---|---|---|---|
| mountain | 黄山 | 泰山 | 庐山 | 恒山 | 华山 | 衡山 |
| province | 安徽 | 山东 | 江西 | 山西 | 陕西 | 湖南 |
| city | 黄山 | 泰安 | 九江 | 大同 | 渭南 | 衡阳 |
| height | 1864.8 | 1545.0 | 1474.0 | 2016.1 | 2154.9 | 1300.2 |

图 2.4.8　mountainsDF.T 的输出结果

第 8 行代码输出 mountainsDF 中存储元素的行数，如图 2.4.9 所示。

```
[8]: 6
```

图 2.4.9　mountainsDF.shape[0]的输出结果

第 9 行代码输出 mountainsDF 中存储元素的列数，如图 2.4.10 所示。

```
[9]: 4
```

图 2.4.10　mountainsDF.shape[1]的输出结果

第 10 行代码输出 mountainsDF 中的前 5 行元素，如图 2.4.11 所示。

| [10]: | mountain | province | city | height |
|---|---|---|---|---|
| **0** | 黄山 | 安徽 | 黄山 | 1864.8 |
| **1** | 泰山 | 山东 | 泰安 | 1545.0 |
| **2** | 庐山 | 江西 | 九江 | 1474.0 |
| **3** | 恒山 | 山西 | 大同 | 2016.1 |
| **4** | 华山 | 陕西 | 渭南 | 2154.9 |

图 2.4.11　mountainsDF.head()的输出结果

第 11 行代码输出 mountainsDF 中的后 5 行元素，如图 2.4.12 所示。

| [11]: | mountain | province | city | height |
|---|---|---|---|---|
| **1** | 泰山 | 山东 | 泰安 | 1545.0 |
| **2** | 庐山 | 江西 | 九江 | 1474.0 |
| **3** | 恒山 | 山西 | 大同 | 2016.1 |
| **4** | 华山 | 陕西 | 渭南 | 2154.9 |
| **5** | 衡山 | 湖南 | 衡阳 | 1300.2 |

图 2.4.12　mountainsDF.tail()的输出结果

第 12 行代码输出 mountainsDF 中元素的完整信息，包括行/列标签、数据类型、是否有空值、占用的内存大小等，如图 2.4.13 所示。

```
<class 'pandas.core.frame.DataFrame'>
RangeIndex: 6 entries, 0 to 5
Data columns (total 4 columns):
 #   Column    Non-Null Count  Dtype
---  ------    --------------  -----
 0   mountain  6 non-null      object
 1   province  6 non-null      object
 2   city      6 non-null      object
 3   height    6 non-null      float64
dtypes: float64(1), object(3)
memory usage: 320.0+ bytes
```

图 2.4.13　mountainsDF.info()的输出结果

### 2.4.3 DataFrame 对象的索引

DataFrame 对象包含列标签和行标签，可以直接通过操作它们实现列索引和行索引，也可以利用 DataFrame 对象提供的 loc[]和 iloc[]操作（花式索引）实现索引。

#### 1. DataFrame 对象的列索引

DataFrame 对象的每一列都是一个 Series 对象，直接通过列标签就可以实现索引，代码如下所示。

```
01   import pandas as pd
02   mountainsDF = pd.DataFrame(
                 {'mountain':['黄山','泰山','庐山','恒山','华山','衡山'],
                  'province':['安徽','山东','江西','山西','陕西','湖南'],
                  'city':['黄山','泰安','九江','大同','渭南','衡阳'],
                  'height':[1864.8,1545.0,1474.0,2016.1,2154.9,1300.2]
                 })
03   mountainsDF[['mountain']]          # 获取'mountain'列数据
04   mountainsDF[['mountain', 'city']]  # 获取'mountain'列和'city'列数据
```

执行第 3 行代码，获取 mountainsDF 中列标签为'mountain'的列数据，如图 2.4.14 所示。

| [3]: | mountain |
|------|----------|
| 0 | 黄山 |
| 1 | 泰山 |
| 2 | 庐山 |
| 3 | 恒山 |
| 4 | 华山 |
| 5 | 衡山 |

图 2.4.14　mountainsDF 中列标签为'mountain'的列数据

还可以通过列标签索引获得多列数据，第 4 行代码执行后获取 mountainsDF 中列标签为'mountain'和'city'的两列数据，如图 2.4.15 所示。

| [4]: | mountain | city |
|------|----------|------|
| 0 | 黄山 | 黄山 |
| 1 | 泰山 | 泰安 |
| 2 | 庐山 | 九江 |
| 3 | 恒山 | 大同 |
| 4 | 华山 | 渭南 |
| 5 | 衡山 | 衡阳 |

图 2.4.15　通过列标签索引获得 mountainsDF 中的两列数据

**35**

### 2. DataFrame 对象的行索引

DataFrame 对象也可以通过行标签来获取行数据，注意行标签要使用切片的方式访问。如果没有指定 DataFrame 对象的行标签，默认行标签是从 0 开始的整数下标。如果使用下标切片实现行索引，不会包含结束下标所表示的行数据。接着上面的示例，通过下标切片获取行数据，代码如下所示。

```
05  mountainsDF[0:1]   #通过行标签（整数下标）切片方式获取第 1 行数据
06  mountainsDF[1:3]   #通过行标签切片方式获取第 2 行和第 3 行数据
```

执行第 5 行代码，获取 mountainsDF 的第 1 行数据，如图 2.4.16 所示。

| [5]: | mountain | province | city | height |
|---|---|---|---|---|
| **0** | 黄山 | 安徽 | 黄山 | 1864.8 |

图 2.4.16　通过行标签索引获取 mountainsDF 中第 1 行数据

执行第 6 行代码，获取 mountainsDF 的第 2 行和第 3 行数据，如图 2.4.17 所示。

| [6]: | mountain | province | city | height |
|---|---|---|---|---|
| **1** | 泰山 | 山东 | 泰安 | 1545.0 |
| **2** | 庐山 | 江西 | 九江 | 1474.0 |

图 2.4.17　通过下标切片获取 mountainsDF 中第 2 行和第 3 行数据

如果指定了 DataFrame 对象的行标签，可以通过行标签以切片的方式获取行数据，包含结束标签表示的行数据。接着上面的示例，给 mountainsDF 设置行标签['a', 'b','c','d','e','f']，通过行标签获取行数据，代码如下所示。

```
07  index=['a','b','c','d','e','f']
08  mountainsDF.index = index    # 设置行标签
09  mountainsDF['a':'c']         # 获取前 3 行数据
```

执行第 7~9 行代码，获取 mountainsDF 的前 3 行数据，如图 2.4.18 所示。

| [9]: | mountain | province | city | height |
|---|---|---|---|---|
| **a** | 黄山 | 安徽 | 黄山 | 1864.8 |
| **b** | 泰山 | 山东 | 泰安 | 1545.0 |
| **c** | 庐山 | 江西 | 九江 | 1474.0 |

图 2.4.18　通过行标签切片获取 mountainsDF 的前 3 行数据

### 3. DataFrame 对象的 loc[]和 iloc[]索引

虽然 DataFrame 对象通过行标签和列标签，都能获取相应的行数据和列数据，但是这种索引方式仍然不够灵活。如图 2.4.19 所示，如果希望进行"花式索引"，即只获取一部分行和一部分列的数据，则不能通过行标签或者列标签一次获取，但是使用 loc[]和 iloc[]索引则可以一次获取相应的数据。

|  | mountain | province | city | height |
|---|---|---|---|---|
| 0 | 黄山 | 安徽 | 黄山 | 1864.8 |
| 1 | 泰山 | 山东 | 泰安 | 1545.0 |
| 2 | 庐山 | 江西 | 九江 | 1474.0 |
| 3 | 恒山 | 山西 | 大同 | 2016.1 |
| 4 | 华山 | 陕西 | 渭南 | 2154.9 |
| 5 | 衡山 | 湖南 | 衡阳 | 1300.2 |

花式索引（获取部分行、部分列的数据）

图 2.4.19　花式索引

① loc[]基于标签（标签名称，如'a'、'b'等）索引，通过标签获取相应的数据。当执行切片索引时，既包含起始标签表示的数据，也包含结束标签表示的数据。

② iloc[]基于下标（整数值，从 0 开始至数据长度－1）索引，通过下标获取相应的数据。当执行切片索引时，只包含起始下标表示的数据，不包含结束下标表示的数据。

通过 loc[]和 iloc[]完成图 2.4.19 的花式索引，代码如下所示。

```
01  import pandas as pd
02  mountainsDF = pd.DataFrame(
                {'mountain':['黄山','泰山','庐山','恒山','华山','衡山'],
                 'province':['安徽','山东','江西','山西','陕西','湖南'],
                 'city':['黄山','泰安','九江','大同','渭南','衡阳'],
                 'height':[1864.8,1545.0,1474.0,2016.1,2154.9,1300.2]
                })
03  mountainsDF.loc[3:4,['mountain', 'height']]    # 基于标签完成花式索引
04  mountainsDF.iloc[3:5,[0,3]]                     # 基于下标完成花式索引
```

执行第 3 行和第 4 行代码，都能实现图 2.4.19 所示的花式索引结果，获取 mountainsDF 中的第 4 行和第 5 行数据的'mountain'和'height'值，输出结果如图 2.4.20 所示。

| [3]: | mountain | height |
|---|---|---|
| 3 | 恒山 | 2016.1 |
| 4 | 华山 | 2154.9 |

| [4]: | mountain | height |
|---|---|---|
| 3 | 恒山 | 2016.1 |
| 4 | 华山 | 2154.9 |

图 2.4.20　花式索引的输出结果

## 2.4.4　DataFrame 对象的操作

DataFrame 对象是一种二维数据表格结构，也能够对行数据和列数据实现增加、删除、修改、排序和筛选等操作。

微课视频

### 1. 增加

可以在 DataFrame 对象中添加一行数据或者一列数据，添加行数据有 loc[]及 append()这两种方法，添加列数据有[]和 insert()两种方法，[]里面为行标签或者列标签。下面对这几种方法的使用进行简单介绍。

（1）增加行数据

如图 2.4.21 所示，要在 DataFrame 对象 mountainsDF 最后增加一行数据。

| | mountain | province | city | height |
|---|---|---|---|---|
| 0 | 黄山 | 安徽 | 黄山 | 1864.8 |
| 1 | 泰山 | 山东 | 泰安 | 1545.0 |
| 2 | 庐山 | 江西 | 九江 | 1474.0 |
| 3 | 恒山 | 山西 | 大同 | 2016.1 |
| 4 | 华山 | 陕西 | 渭南 | 2154.9 |
| 5 | 衡山 | 湖南 | 衡阳 | 1300.2 |
| 6 | 嵩山 | 河南 | 登封 | 1491.7 |

图 2.4.21　在 mountainsDF 最后增加一行数据

使用 df.loc[]方法完成在 mountainsDF 最后增加一行数据，代码如下所示。

```
01   import pandas as pd
02   mountainsDF = pd.DataFrame(
              {'mountain':['黄山','泰山','庐山','恒山','华山','衡山'],
               'province':['安徽','山东','江西','山西','陕西','湖南'],
               'city':['黄山','泰安','九江','大同','渭南','衡阳'],
               'height':[1864.8,1545.0,1474.0,2016.1,2154.9,1300.2]
              })
03   mountainsDF.loc[6] = ['嵩山','河南', '登封',1491.7]
04   mountainsDF
```

执行第 3 行和第 4 行代码以后输出结果如图 2.4.22 所示。

| [4]: | mountain | province | city | height |
|---|---|---|---|---|
| 0 | 黄山 | 安徽 | 黄山 | 1864.8 |
| 1 | 泰山 | 山东 | 泰安 | 1545.0 |
| 2 | 庐山 | 江西 | 九江 | 1474.0 |
| 3 | 恒山 | 山西 | 大同 | 2016.1 |
| 4 | 华山 | 陕西 | 渭南 | 2154.9 |
| 5 | 衡山 | 湖南 | 衡阳 | 1300.2 |
| 6 | 嵩山 | 河南 | 登封 | 1491.7 |

图 2.4.22　在 mountainsDF 最后增加一行数据的输出结果

使用 append()方法可以合并两个 DataFrame 对象，如下所示，首先构造两个 DataFrame 对象，再通过 append()方法合并它们。

```
01   import pandas as pd
02   mountainsDF = pd.DataFrame(
              {'mountain':['黄山','泰山','庐山','恒山','华山','衡山'],
               'province':['安徽','山东','江西','山西','陕西','湖南'],
```

```
                  'city':['黄山','泰安','九江','大同','渭南','衡阳'],
                  'height':[1864.8,1545.0,1474.0,2016.1,2154.9,1300.2]
                  })
03  df2= pd.DataFrame(
                  {'mountain':[ '嵩山','武夷山'], 'province':[ '河南','福建'],
                  'city':[ '登封','南平'], 'height':[1491.7, 2158.0]
                  })
04  #合并, ignore_index 设置为 True 可以重新排列行标签
    mountainsDF2 = mountainsDF.append(df2, ignore_index=True)
05  mountainsDF2
```

第 2 行和第 3 行代码构造了 2 个 DataFrame 对象。

在第 4 行代码中，mountainsDF 调用 append()方法将 df2 的数据增加到末尾，并通过 mountainsDF2 保存。

执行第 5 行代码，结果如图 2.4.23 所示。

图 2.4.23　使用 append()方法合并 df2 的结果

（2）增加列数据

在 DataFrame 对象中添加一列数据有[]和 insert()两种方法，它们的不同在于，insert()方法可以指定添加列的位置。下面介绍这两种方法的使用，代码如下所示。

```
01  import pandas as pd
02  mountainsDF = pd.DataFrame(
                  {'mountain':['黄山','泰山','庐山','恒山','华山','衡山'],
                  'province':['安徽','山东','江西','山西','陕西','湖南'],
                  'city':['黄山','泰安','九江','大同','渭南','衡阳'],
                  'height':[1864.8,1545.0,1474.0,2016.1,2154.9,1300.2]
                  })
03  mountainsDF['level']= ['5A', '5A', '5A', '4A', '5A', '5A']
04  mountainsDF
```

第 3 行代码默认在 mountainsDF 的最后添加了'level'列，[]里面是列标签，等号右边为新增列的赋值。

执行第 4 行代码，结果如图 2.4.24 所示。

| [4]: | mountain | province | city | height | level |
|---|---|---|---|---|---|
| **0** | 黄山 | 安徽 | 黄山 | 1864.8 | 5A |
| **1** | 泰山 | 山东 | 泰安 | 1545.0 | 5A |
| **2** | 庐山 | 江西 | 九江 | 1474.0 | 5A |
| **3** | 恒山 | 山西 | 大同 | 2016.1 | 4A |
| **4** | 华山 | 陕西 | 渭南 | 2154.9 | 5A |
| **5** | 衡山 | 湖南 | 衡阳 | 1300.2 | 5A |

图 2.4.24　通过 mountainsDF[]方法在最后增加一列数据

insert()方法的原型如下所示，参数说明如表 2.4.3 所示。

```
DataFrame.insert(loc,column,value,allow_duplicates=False)
```

**表 2.4.3　insert()方法的参数说明**

| 序号 | 参数 | 说明 |
|---|---|---|
| 1 | loc | 指定列的下标位置 |
| 2 | column | 列标签 |
| 3 | value | 列数据 |
| 4 | allow_duplicates | 布尔值，表示是否允许列名重复，默认为 False。True 表示允许，False 表示不允许 |

使用 insert()方法在 mountainsDF 的第 2 列添加数据，代码如下所示。

```
01  import pandas as pd
02  mountainsDF = pd.DataFrame(
            {'mountain':['黄山','泰山','庐山','恒山','华山','衡山'],
             'province':['安徽','山东','江西','山西','陕西','湖南'],
             'city':['黄山','泰安','九江','大同','渭南','衡阳'],
             'height':[1864.8,1545.0,1474.0,2016.1,2154.9,1300.2]
            })
03  mountainsDF.insert(1,'level',['5A','5A','5A','4A','5A','5A'])
04  mountainsDF
```

在第 3 行代码中，mountainsDF 调用 insert()方法在它的第 2 列添加 1 列数据。

执行第 4 行代码后，结果如图 2.4.25 所示。

| [4]: | | mountain | level | province | city | height |
|---|---|---|---|---|---|---|
| | **0** | 黄山 | 5A | 安徽 | 黄山 | 1864.8 |
| | **1** | 泰山 | 5A | 山东 | 泰安 | 1545.0 |
| | **2** | 庐山 | 5A | 江西 | 九江 | 1474.0 |
| | **3** | 恒山 | 4A | 山西 | 大同 | 2016.1 |
| | **4** | 华山 | 5A | 陕西 | 渭南 | 2154.9 |
| | **5** | 衡山 | 5A | 湖南 | 衡阳 | 1300.2 |

图 2.4.25　通过 insert()方法指定在第 2 列添加数据

### 2. 删除

DataFrame 对象提供了用于删除一行数据或一列数据的 drop()方法。默认参数 axis=0，表示对行数据进行操作。如果要对列数据进行操作，则需要指定参数 axis=1。默认参数 inplace=False，表示该删除操作不改变原数据，而是返回一个执行删除操作后的新 DataFrame 对象。drop()方法的原型如下所示。

```
DataFrame.drop(labels,axis, index, columns, inplace=False)
```

该方法的参数说明如表 2.4.4 所示。

**表 2.4.4　drop()方法的参数说明**

| 序号 | 参数 | 说明 |
|---|---|---|
| 1 | labels | 要删除的行/列的标签 |
| 2 | axis | 默认为 0，表示删除行；指定 axis=1，表示删除列 |
| 3 | index | 直接指定要删除的行的标签，包含结束标签 |
| 4 | columns | 直接指定要删除的列的标签，包含结束标签 |
| 5 | inplace | 默认为 False，表示删除操作不改变原数据，而是返回一个执行删除操作后的新 DataFrame 对象。若指定为 True，则直接在原数据上进行删除操作 |

接下来分别演示如何删除行数据和列数据，代码如下所示。

```
01  import pandas as pd
02  mountainsDF = pd.DataFrame(
                {'mountain':['黄山','泰山','庐山','恒山','华山','衡山'],
                 'province':['安徽','山东','江西','山西','陕西','湖南'],
                 'city':['黄山','泰安','九江','大同','渭南','衡阳'],
                 'height':[1864.8,1545.0,1474.0,2016.1,2154.9,1300.2]
                })
03  mountainsDF. drop([0, 1])          #删除 mountainsDF 的前 2 行数据
04  mountainsDF. drop(index=[0, 1])    #删除 mountainsDF 的前 2 行数据
```

执行第 3 行和第 4 行代码的运行结果都是一样的，都是删除 mountainsDF 的前 2 行数据，这里 drop()方法没有指定 inplace 参数，默认为 False，表示删除操作不改变原数据，结果如图 2.4.26 所示。

**41**

| [3]: | mountain | province | city | height |
|---|---|---|---|---|
| 2 | 庐山 | 江西 | 九江 | 1474.0 |
| 3 | 恒山 | 山西 | 大同 | 2016.1 |
| 4 | 华山 | 陕西 | 渭南 | 2154.9 |
| 5 | 衡山 | 湖南 | 衡阳 | 1300.2 |

| [4]: | mountain | province | city | height |
|---|---|---|---|---|
| 2 | 庐山 | 江西 | 九江 | 1474.0 |
| 3 | 恒山 | 山西 | 大同 | 2016.1 |
| 4 | 华山 | 陕西 | 渭南 | 2154.9 |
| 5 | 衡山 | 湖南 | 衡阳 | 1300.2 |

图 2.4.26  通过 drop()方法删除行数据

如果需要删除列数据，需要指定 axis=1，代码如下所示。

```
     #删除'province'、'city'这 2 列数据
05   mountainsDF.drop(['province','city'],axis=1)
06   mountainsDF.drop(columns=['province','city'],axis=1)
```

执行第 5 行和第 6 行代码的运行结果都是一样的，都是删除'province'、'city'这 2 列的数据，这里 drop()方法没有指定 inplace 参数，默认为 False，表示删除操作不改变原数据，结果如图 2.4.27 所示。

| [5]: | mountain | height |
|---|---|---|
| 0 | 黄山 | 1864.8 |
| 1 | 泰山 | 1545.0 |
| 2 | 庐山 | 1474.0 |
| 3 | 恒山 | 2016.1 |
| 4 | 华山 | 2154.9 |
| 5 | 衡山 | 1300.2 |

| [6]: | mountain | height |
|---|---|---|
| 0 | 黄山 | 1864.8 |
| 1 | 泰山 | 1545.0 |
| 2 | 庐山 | 1474.0 |
| 3 | 恒山 | 2016.1 |
| 4 | 华山 | 2154.9 |
| 5 | 衡山 | 1300.2 |

图 2.4.27  通过 drop()方法删除列数据

### 3. 修改

对 DataFrame 对象的修改操作，主要包括数据的修改和行/列标签的修改。

（1）数据的修改

修改 DataFrame 对象中数据的原理是将要修改的数据提取出来，重新赋值为新的数据。需要注意的是，数据修改是直接针对 DataFrame 对象的原数据进行修改，操作无法撤销，如果要进行修改，需要对原数据进行备份。

数据的修改主要使用 loc[]方法，先定位某个位置的数据，然后对此位置的数据进行修改。iloc[]方法的使用和 loc[]方法的使用类似，主要是先基于下标定位再进行修改。以 loc[]方法为例，使用此方法可以将对 DataFrame 对象进行的修改分为 3 种情况，具体如下。

- 对 1 行、多行数据进行修改。
- 对 1 列、多列数据进行修改。
- 对某区域的数据进行修改。

这 3 种情况的具体操作如下。

① 对 1 行、多行数据进行修改。

修改 1 行数据，代码如下所示。

```
01  import pandas as pd
02  mountainsDF = pd.DataFrame(
               {'mountain':['黄山','泰山','庐山','恒山','华山','衡山'],
                'province':['安徽','山东','江西','山西','陕西','湖南'],
                'city':['黄山','泰安','九江','大同','渭南','衡阳'],
                'height':[1864.8,1545.0,1474.0,2016.1,2154.9,1300.2]
                })

03  mountainsDF.loc[1:1,['mountain','province','city','height']]
                  =['武夷山','福建','南平',2158.0]    # 修改第 2 行数据
04  mountainsDF
```

第 3 行代码的 1:1 表示选取第 2 行数据，然后对指定的 4 个标签['mountain', 'province', 'city', 'height']的相应数据进行修改，等号右边为新的赋值。

执行第 4 行代码，mountainsDF 的第 2 行数据被修改，结果如图 2.4.28 所示。

| [4]: | | mountain | province | city | height |
|------|---|----------|----------|------|--------|
| | **0** | 黄山 | 安徽 | 黄山 | 1864.8 |
| | **1** | 武夷山 | 福建 | 南平 | 2158.0 |
| | **2** | 庐山 | 江西 | 九江 | 1474.0 |
| | **3** | 恒山 | 山西 | 大同 | 2016.1 |
| | **4** | 华山 | 陕西 | 渭南 | 2154.9 |
| | **5** | 衡山 | 湖南 | 衡阳 | 1300.2 |

图 2.4.28　修改 mountainsDF 第 2 行数据

修改多行数据，代码如下所示。

```
01  import pandas as pd
02  mountainsDF = pd.DataFrame(
               {'mountain':['黄山','泰山','庐山','恒山','华山','衡山'],
                'province':['安徽','山东','江西','山西','陕西','湖南'],
                'city':['黄山','泰安','九江','大同','渭南','衡阳'],
                'height':[1864.8,1545.0,1474.0,2016.1,2154.9,1300.2]
                })
03  # 修改第 1 行和第 2 行数据
    mountainsDF.loc[0:1,['mountain','province','city','height']]=
    [[ '嵩山', '河南', '登封',1491.7], [ '武夷山','福建','南平',2158.0]]
04  mountainsDF
```

第 3 行代码的 0:1 表示选取第 1 行和第 2 行的数据，然后对指定的 4 个标签['mountain','province', 'city', 'height']的相应数据进行修改，等号右边为新的赋值。

执行第 4 行代码，mountainsDF 的第 1 行和第 2 行数据被修改，结果如图 2.4.29 所示。

| [4]: | mountain | province | city | height |
|---|---|---|---|---|
| 0 | 嵩山 | 河南 | 登封 | 1491.7 |
| 1 | 武夷山 | 福建 | 南平 | 2158.0 |
| 2 | 庐山 | 江西 | 九江 | 1474.0 |
| 3 | 恒山 | 山西 | 大同 | 2016.1 |
| 4 | 华山 | 陕西 | 渭南 | 2154.9 |
| 5 | 衡山 | 湖南 | 衡阳 | 1300.2 |

图 2.4.29　修改 mountainsDF 第 1 行和第 2 行数据

② 对 1 列、多列数据进行修改。

学会了使用 loc[]方法对行数据进行修改，触类旁通，对列数据的修改也变得简单了。对列数据的修改也就是修改此列的所有数据。

修改 1 列数据，代码如下所示。

```
01  import pandas as pd
02  mountainsDF = pd.DataFrame(
              {'mountain':['黄山','泰山','庐山','恒山','华山','衡山'],
               'province':['安徽','山东','江西','山西','陕西','湖南'],
               'city':['黄山','泰安','九江','大同','渭南','衡阳'],
               'height':[1864.8,1545.0,1474.0,2016.1,2154.9,1300.2]
              })
    # 修改第 2 列数据
03  mountainsDF.loc[:,['province']]= ['安徽省','山东省','江西省','山西省','陕西省','湖南省']
04  mountainsDF
```

第 3 行代码的:表示所有行，然后对指定的'province'列进行修改，等号右边为新的赋值。

执行第 4 行代码后，mountainsDF 的第 2 列数据被修改，结果如图 2.4.30 所示。

| [4]: | mountain | province | city | height |
|---|---|---|---|---|
| 0 | 黄山 | 安徽省 | 黄山 | 1864.8 |
| 1 | 泰山 | 山东省 | 泰安 | 1545.0 |
| 2 | 庐山 | 江西省 | 九江 | 1474.0 |
| 3 | 恒山 | 山西省 | 大同 | 2016.1 |
| 4 | 华山 | 陕西省 | 渭南 | 2154.9 |
| 5 | 衡山 | 湖南省 | 衡阳 | 1300.2 |

图 2.4.30　修改 mountainsDF 的'province'列数据

修改多列数据，代码如下所示。

```
01   import pandas as pd
02   mountainsDF = pd.DataFrame(
                {'mountain':['黄山','泰山','庐山','恒山','华山','衡山'],
                 'province':['安徽','山东','江西','山西','陕西','湖南'],
                 'city':['黄山','泰安','九江','大同','渭南','衡阳'],
                 'height':[1864.8,1545.0,1474.0,2016.1,2154.9,1300.2]
                })

     # 修改第 2 列和第 3 列数据
03   mountainsDF.loc[:,['province', 'city']]= [['安徽省','黄山市'],['山东省','泰安市'], ['江西省','九江市'],['山西省','大同市'], ['陕西省','渭南市'],['湖南省','衡阳市']]
04   mountainsDF
```

执行第 3 行和第 4 行代码，mountainsDF 的第 2 列和第 3 列数据被修改，结果如图 2.4.31 所示。

| [4]: | | mountain | province | city | height |
|---|---|---|---|---|---|
| | 0 | 黄山 | 安徽省 | 黄山市 | 1864.8 |
| | 1 | 泰山 | 山东省 | 泰安市 | 1545.0 |
| | 2 | 庐山 | 江西省 | 九江市 | 1474.0 |
| | 3 | 恒山 | 山西省 | 大同市 | 2016.1 |
| | 4 | 华山 | 陕西省 | 渭南市 | 2154.9 |
| | 5 | 衡山 | 湖南省 | 衡阳市 | 1300.2 |

图 2.4.31　修改 mountainsDF 第 2 列和第 3 列数据

③ 对某区域的数据进行修改。

对 mountainsDF 的前 2 行的'province'列和'city'列进行修改，代码如下所示。

```
01   import pandas as pd
02   mountainsDF = pd.DataFrame(
                {'mountain':['黄山','泰山','庐山','恒山','华山','衡山'],
                 'province':['安徽','山东','江西','山西','陕西','湖南'],
                 'city':['黄山','泰安','九江','大同','渭南','衡阳'],
                 'height':[1864.8,1545.0,1474.0,2016.1,2154.9,1300.2]
                })

     # 对前 2 行的'province'列和'city'列进行修改
03   mountainsDF.loc[0:1,['province', 'city']]=[['安徽省','黄山市'],['山东省','泰安市']]
04   mountainsDF
```

执行第 3 行和第 4 行代码后，mountainsDF 的前 2 行的'province'列和'city'列数据被修改，结果如图 2.4.32 所示。

图 2.4.32　修改 mountainsDF 某区域的数据

**（2）行/列标签的修改**

DataFrame 对象提供了 rename()方法来修改行标签和列标签的名称。和前文的 drop()方法类似，默认参数 axis=0，表示对行标签进行操作。如果要对列标签进行操作，需要指定参数 axis=1。默认参数 inplace=False，表示该修改操作不改变原数据。如果要直接对原数据进行修改，需要指定 inplace=True。

修改行标签可以通过指定 index 参数完成，代码如下所示。

```
01  import pandas as pd
02  mountainsDF = pd.DataFrame(
                {'mountain':['黄山','泰山','庐山','恒山','华山','衡山'],
                 'province':['安徽','山东','江西','山西','陕西','湖南'],
                 'city':['黄山','泰安','九江','大同','渭南','衡阳'],
                 'height':[1864.8,1545.0,1474.0,2016.1,2154.9,1300.2]
                })

03  mountainsDF.rename(index={0:'a',1:'b'},inplace=True) # 修改前 2 行的标签名称
04  mountainsDF
```

在第 3 行代码中，mountainsDF 调用 rename()方法，指定 index 参数为字典，完成标签名称修改，inplace=True 表示直接修改原数据。

执行第 4 行代码，mountainsDF 中前 2 行的标签名称被修改，结果如图 2.4.33 所示。

图 2.4.33　修改 mountainsDF 中前 2 行的标签名称

修改列标签可以通过指定 columns 参数完成，代码如下所示。

```
01   import pandas as pd
02   mountainsDF = pd.DataFrame(
                    {'mountain':['黄山','泰山','庐山','恒山','华山','衡山'],
                     'province':['安徽','山东','江西','山西','陕西','湖南'],
                     'city':['黄山','泰安','九江','大同','渭南','衡阳'],
                     'height':[1864.8,1545.0,1474.0,2016.1,2154.9,1300.2]
                    })
     # 修改'province'列和'city'列的标签名称
03   mountainsDF.rename(columns={'province':'p','city':'c'},inplace=True)
04   mountainsDF
```

执行第 3 行和第 4 行代码，mountainsDF 中'province'列和'city'列的标签名称被修改，结果如图 2.4.34 所示。

| [4]: | mountain | p | c | height |
|---|---|---|---|---|
| **0** | 黄山 | 安徽 | 黄山 | 1864.8 |
| **1** | 泰山 | 山东 | 泰安 | 1545.0 |
| **2** | 庐山 | 江西 | 九江 | 1474.0 |
| **3** | 恒山 | 山西 | 大同 | 2016.1 |
| **4** | 华山 | 陕西 | 渭南 | 2154.9 |
| **5** | 衡山 | 湖南 | 衡阳 | 1300.2 |

图 2.4.34　修改 mountainsDF 中'province'列和'city'列的标签名称

**4. 排序**

对 DataFrame 对象排序，既可以按值排序，也可以按行/列标签排序。按值排序使用 sort_values()方法，按行/列标签排序使用 sort_index()方法。

（1）按值排序

按值排序，通常是按列数据的值排序，使用 sort_values()方法完成，该方法的常用参数说明如表 2.4.5 所示。

微课视频

表 2.4.5　sort_values()方法的常用参数说明

| 序号 | 参数 | 说明 |
|---|---|---|
| 1 | by | 行或者列的标签 |
| 2 | axis | 默认为 0，axis=0 表示对列进行操作，axis=1 表示对行进行操作 |
| 3 | ascending | 默认为升序排列，ascending=True 表示升序排列，ascending=False 表示降序排列 |
| 4 | inplace | 默认为 False，表示操作不改变原数据，而是返回一个执行排序操作后的新 DataFrame 对象。若指定为 True，则直接在原数据上进行操作 |

按列数据的值进行排序，代码如下所示。

```
01  import pandas as pd
02  mountainsDF = pd.DataFrame(
                 {'mountain':['黄山','泰山','庐山','恒山','华山','衡山'],
                  'province':['安徽','山东','江西','山西','陕西','湖南'],
                  'city':['黄山','泰安','九江','大同','渭南','衡阳'],
                  'height':[1864.8,1545.0,1474.0,2016.1,2154.9,1300.2]
                 })
03  # 按'height'列的值降序排列
    mountainsDF.sort_values(by='height',axis=0,ascending=False,inplace=True)
04  mountainsDF
```

执行第 3 行和第 4 行代码，mountainsDF 的数据按'height'列的值降序排列，结果如图 2.4.35 所示。

[4]:

| | mountain | province | city | height |
|---|---|---|---|---|
| 4 | 华山 | 陕西 | 渭南 | 2154.9 |
| 3 | 恒山 | 山西 | 大同 | 2016.1 |
| 0 | 黄山 | 安徽 | 黄山 | 1864.8 |
| 1 | 泰山 | 山东 | 泰安 | 1545.0 |
| 2 | 庐山 | 江西 | 九江 | 1474.0 |
| 5 | 衡山 | 湖南 | 衡阳 | 1300.2 |

降序

图 2.4.35　mountainsDF 按'height'列的值降序排列

（2）按行/列标签排序

按行/列标签排序使用 sort_index()方法完成，该方法的常用参数说明如表 2.4.6 所示。

**表 2.4.6　sort_index()方法的常用参数说明**

| 序号 | 参数 | 说明 |
|---|---|---|
| 1 | axis | 默认为 0，axis=0 表示对行进行操作，axis=1 表示对列进行操作 |
| 2 | ascending | 默认为升序排列，ascending=True 表示升序排列，ascending=False 表示降序排列 |
| 3 | inplace | 默认为 False，表示操作不会改变原数据，而是返回一个执行排序操作后的新 DataFrame 对象。若指定为 True，则直接在原数据上进行操作 |

按行标签进行排序，代码如下所示。

```
import pandas as pd
mountainsDF = pd.DataFrame(
             {'mountain':['黄山','泰山','庐山','恒山','华山','衡山'],
              'province':['安徽','山东','江西','山西','陕西','湖南'],
              'city':['黄山','泰安','九江','大同','渭南','衡阳'],
              'height':[1864.8,1545.0,1474.0,2016.1,2154.9,1300.2]
```

```
       })
       # 按行标签降序排列
03     mountainsDF.sort_index(axis=0,ascending=False,inplace=True)
04     mountainsDF
```

执行第 3 行和第 4 行代码，mountainsDF 中的数据按行标签降序排列，结果如图 2.4.36 所示。

图 2.4.36　mountainsDF 中的数据按行标签降序排列

按列标签进行排序，代码如下所示。

```
01     import pandas as pd
02     mountainsDF = pd.DataFrame(
                {'mountain':['黄山','泰山','庐山','恒山','华山','衡山'],
                 'province':['安徽','山东','江西','山西','陕西','湖南'],
                 'city':['黄山','泰安','九江','大同','渭南','衡阳'],
                 'height':[1864.8,1545.0,1474.0,2016.1,2154.9,1300.2]
                })
03     # 按列标签升序排列
       mountainsDF.sort_index(axis=1,inplace=True)
04     mountainsDF
```

执行第 3 行和第 4 行代码，mountainsDF 中的数据按列标签升序排列，结果如图 2.4.37 所示。

图 2.4.37　mountainsDF 中的数据按列标签升序排列

**5. 筛选**

DataFrame 对象通过对数据的值进行条件判断，可以进行数据筛选。筛选输出海拔大于 1500m 的山的信息，代码如下所示。

```
01  import pandas as pd
02  mountainsDF = pd.DataFrame(
              {'mountain':['黄山','泰山','庐山','恒山','华山','衡山'],
               'province':['安徽','山东','江西','山西','陕西','湖南'],
               'city':['黄山','泰安','九江','大同','渭南','衡阳'],
               'height':[1864.8,1545.0,1474.0,2016.1,2154.9,1300.2]
               })
03  # 按'height'列的值进行条件筛选
    mountainsDF[mountainsDF['height']>1500]
```

执行第 3 行代码，输出结果如图 2.4.38 所示。

| [3]: | mountain | province | city | height |
|---|---|---|---|---|
| **0** | 黄山 | 安徽 | 黄山 | 1864.8 |
| **1** | 泰山 | 山东 | 泰安 | 1545.0 |
| **3** | 恒山 | 山西 | 大同 | 2016.1 |
| **4** | 华山 | 陕西 | 渭南 | 2154.9 |

图 2.4.38　mountainsDF 中海拔大于 1500m 的结果

DataFrame 对象也可以通过 isnull()方法来判断是否有空值，如果元素的值为空则输出 False，否则输出 True。

在 DataFrame 对象中查看空值，可以首先使用 isnull()方法确定列是否有空值，然后筛选出包含空值的行，通过 numpy 库的常量 NaN 表示空值，代码如下所示。

```
01  import pandas as pd
02  import numpy as np
03  mountainsDF = pd.DataFrame(
              {'mountain':['黄山','泰山','庐山','恒山','华山','衡山'],
               'province':['安徽','山东','江西', np.NaN,'陕西','湖南'],
               'city':['黄山', np.NaN,'九江','大同','渭南','衡阳'],
               'height':[1864.8,1545.0,1474.0,2016.1,2154.9,1300.2]
               })
04  mountainsDF.isnull().any()   # 查看每一列是否存在空值
05  mountainsDF[mountainsDF.isnull().T.any()]    # 筛选出包含空值的行
```

执行第 4 行代码，输出结果如图 2.4.39 所示，表示'province'列和'city'列存在空值。

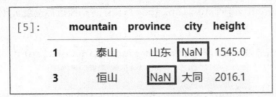

图 2.4.39 mountainsDF 中存在空值的列

在第 5 行代码中，T 表示转置,isnull()的结果需要转置之后，才能进行 any()操作。执行第 5 行代码，输出结果如图 2.4.40 所示，'province'列和'city'列存在空值。

| [5]: | mountain | province | city | height |
|------|----------|----------|------|--------|
| 1 | 泰山 | 山东 | NaN | 1545.0 |
| 3 | 恒山 | NaN | 大同 | 2016.1 |

图 2.4.40 mountainsDF 中存在空值的行

微课视频

### 任务实践 2-2：小明宿舍所有同学成绩表的操作

**说明**

已知小明宿舍 4 名同学的 Python 和 Java 两门课程的成绩，如表 2.4.7 所示。

**表 2.4.7 小明宿舍所有同学的成绩表**

| 序号 | 姓名 | Python | Java |
|------|------|--------|------|
| 1 | 小明 | 90 | 92 |
| 2 | 小王 | 95 | None |
| 3 | 小李 | 65 | 68 |
| 4 | 小赵 | None | 80 |

利用 DataFrame 对象，完成以下任务。

① 找出成绩表中的空值，并重新设置值（可自行设置）。

② 小李同学和小杨同学对换宿舍，删除小李同学的成绩，并添加小杨同学的成绩（课程 Python 的成绩为 86，课程 Java 的成绩为 88），按照行标签重新升序排列数据。

③ 在'Java'列之前再添加他们的课程 C 成绩（小明的成绩为 75，小王的成绩为 89，小杨的成绩为 82，小赵的成绩为 85）的列。

④ 按照他们的课程 Python 成绩从高到低排序。

完成以上 4 个任务的代码如下所示。

```
01  import pandas as pd
02  scores=pd.DataFrame({'name':['小明','小王','小李','小赵'],
                'Python':[90,95,65, None],
                'Java':[92,None,68,80]
            })
```

**51**

```
03   scores.isnull().any()                # 查看有空值的列
04   scores [scores.isnull().T.any()]     # 筛选出包含空值的行
05   scores.loc[1:1,['Java']] = 87
06   scores.loc[3:3,['Python']] = 85
07   scores
08   scores.drop([2],inplace=True)        #删除小李同学的成绩（第3行数据）
09   scores
10   scores.loc[2]=['小杨',86, 88]        #添加小杨同学的成绩
11   scores.sort_index(ascending=True,inplace=True)   # 按行标签重新升序排列
12   scores
13   scores.insert(2,'C',[75,89,82,85], allow_duplicates=False)
14   scores
15   scores.sort_values(by='Python',axis=0,ascending=False,inplace=True)
     #按课程 Python 成绩降序排列
16   scores
```

第 2 行代码通过字典创建了一个 DataFrame 对象 scores，列标签为姓名和科目名称，值为成绩。

第 3 行代码查看 scores 中有空值的列，输出结果如图 2.4.41 所示。

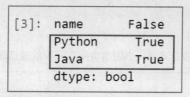

```
[3]: name      False
     Python    True
     Java      True
     dtype: bool
```

图 2.4.41　查看 scores 中有空值的列

第 4 行代码筛选 scores 中包含空值的行，输出结果如图 2.4.42 所示。

| [4]: | name | Python | Java |
|---|---|---|---|
| **1** | 小王 | 95.0 | NaN |
| **3** | 小赵 | NaN | 80.0 |

图 2.4.42　筛选出 scores 中包含空值的行

第 5 行和第 6 行代码修改空值，第 7 行代码输出修改以后的结果，如图 2.4.43 所示。

| [7]: | name | Python | Java |
|---|---|---|---|
| **0** | 小明 | 90.0 | 92.0 |
| **1** | 小王 | 95.0 | 87.0 |
| **2** | 小李 | 65.0 | 68.0 |
| **3** | 小赵 | 85.0 | 80.0 |

图 2.4.43　修改 scores 中的空值

第 8 行代码删除小李同学的成绩（第 3 行数据），第 9 行代码输出删除以后的结果，如图 2.4.44 所示。

| [9]: | name | Python | Java |
|---|---|---|---|
| 0 | 小明 | 90.0 | 92.0 |
| 1 | 小王 | 95.0 | 87.0 |
| 3 | 小赵 | 85.0 | 80.0 |

图 2.4.44　删除 scores 中小李同学的成绩

第 10 行代码添加小杨同学的成绩，第 11 行代码对行标签重新按升序排列，第 12 行代码输出重新排列的结果，如图 2.4.45 所示。

| [12]: | name | Python | Java |
|---|---|---|---|
| 0 | 小明 | 90.0 | 92.0 |
| 1 | 小王 | 95.0 | 87.0 |
| 2 | 小杨 | 86.0 | 88.0 |
| 3 | 小赵 | 85.0 | 80.0 |

图 2.4.45　对 scores 按行标签重新按升序排列

第 13 行代码在'Java'列之前添加全部同学的课程 C 成绩的列，第 14 行代码输出添加 1 列数据的结果，如图 2.4.46 所示。

| [14]: | name | Python | C | Java |
|---|---|---|---|---|
| 0 | 小明 | 90.0 | 75 | 92.0 |
| 1 | 小王 | 95.0 | 89 | 87.0 |
| 2 | 小杨 | 86.0 | 82 | 88.0 |
| 3 | 小赵 | 85.0 | 85 | 80.0 |

图 2.4.46　在 scores 中添加 1 列数据

第 15 行代码将他们的课程 Python 成绩降序排列，第 16 行代码输出降序排列的结果，如图 2.4.47 所示。

| [16]: | name | Python | C | Java |
|---|---|---|---|---|
| 1 | 小王 | 95.0 | 89 | 87.0 |
| 0 | 小明 | 降 90.0 | 75 | 92.0 |
| 2 | 小杨 | 序 86.0 | 82 | 88.0 |
| 3 | 小赵 | 85.0 | 85 | 80.0 |

图 2.4.47　将 scores 中的课程 Python 成绩降序排列

## 2.5　总结

　　本单元介绍了 pandas 的安装和导入，重点介绍了 Series 对象和 DataFrame 对象的用法。Series 对象类似于一维数组，DataFrame 对象类似于二维表格结构，在使用之前需要先通过构造方法创建它们，然后可以对它们进行索引，并完成增加、删除、修改、排序和筛选等操作。

　　本单元知识点的思维导图如下所示。

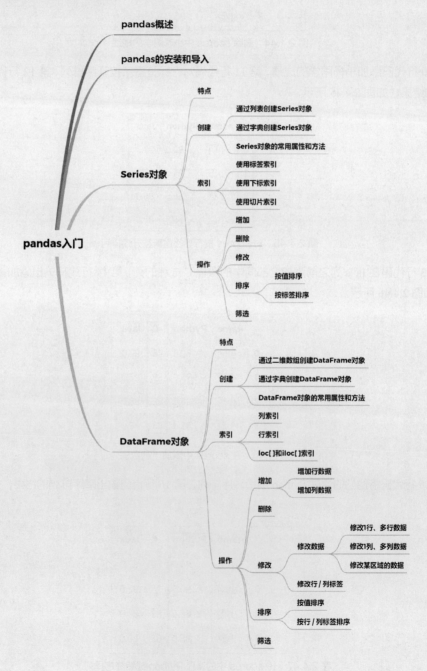

## 拓展实训：处理网上招聘数据

如表 2.1 所示，已知职友集 2020 年全国各城市 Python 开发工程师的一部分网上招聘数据。想要了解 Python 开发工程师在哪个城市需求量最高，平均月薪最高？利用 DataFrame 对象，完成以下任务。

**表 2.1　职友集网上招聘数据**

| 序号 | 城市 | Python 开发工程师职位数 | 平均月薪 |
| --- | --- | --- | --- |
| 1 | 武汉 | 1.2k | 12.0k |
| 2 | 上海 | 7.9k | 17.2k |
| 3 | 深圳 | 6.4k | 16.8k |
| 4 | 广州 | 2.5k | 12.8k |
| 5 | 苏州 | 910 | 12.8k |
| 6 | 南京 | 1.3k | 13.3k |
| 7 | 成都 | 1.6k | 11.6k |
| 8 | 北京 | 8.7k | 19.2k |
| 9 | 杭州 | 2.5k | 15.5k |

① 已知西安的 Python 开发工程师职位数为 664，平均月薪为 12.9k，添加这行数据。

② 更改 Python 开发工程师职位数和平均月薪的格式，去掉 k，统一为数值。

③ 按照平均月薪从高到低排序，并输出前 5 名平均月薪最高的城市名称和平均月薪信息。

④ 按照 Python 开发工程师职位数从高到低排序，并输出前 5 名 Python 开发工程师职位数最多的城市名称和 Python 开发工程师职位数。

## 课后习题

**一、填空题**

1. pandas 常用的数据结构有（　　　　　　）和（　　　　　　）。

2. Series 对象是由一组数据和数据相关的（　　　）组成的。

3. Series 对象的索引可以使用标签、下标和（　　　）3 种方式。

4. 可以通过二维数组和（　　　）创建 DataFrame 对象。

5. 可以利用 DataFrame 对象提供的 loc[]和 iloc[]操作实现索引，loc[]基于（　　　）索引，iloc[]基于（　　　）索引。

**二、判断题**

1. pandas 排序可以分为按值排序和按标签排序。　　　　　　　　　　　　　　（　　）

2. Series 对象是一种二维表格型的数据结构。　　　　　　　　　　　　　　　（　　）

3. Series 对象和 DataFrame 对象都支持切片索引。　　　　　　　　　　　　　（　　）

4. DataFrame 对象中每一列的数据都可以看作一个 Series 对象。　　　　　　　（　　）

5. DataFrame 对象是由行标签和数据组成的。　　　　　　　　　　　　　　　（　　）

### 三、单选题

1. 关于 Series 对象的操作，下列说法正确的是（　　　　）。

A. Series 对象可以通过标签来增加、删除和修改单个值

B. Series 对象只能按值排序，不支持通过标签来排序

C. Series 对象的下标是从 1 开始的

D. Series 对象使用下标进行切片索引时，包含下标索引结束的元素

2. pandas 可以通过下面哪个方法来判断数据是否有空值？（　　　　）

A. append()　　　　　　B. insert()　　　　　　C. drop()　　　　　　D. isnull()

3. 关于 DataFrame 对象的操作，下列说法不正确的是（　　　　）。

A. 在 DataFrame 对象 df 中添加一行数据可以使用 df.loc[]方法，添加一列数据可以使用 df[] 方法，[]里面为行标签或者列标签

B. 在 DataFrame 对象的删除和修改操作中，参数 axis=0 表示对行操作，axis=1 表示对列操作

C. 在 DataFrame 对象的删除和修改操作中，如果直接对原数据进行操作，需要指定参数 inplace=False

D. DataFrame 对象按值排序使用 sort_values()方法，按标签排序使用 sort_index()方法

4. 表 2.2 的数据保存在 DataFrame 对象 df 中，要获取方框中的数据，正确的语句是（　　　　　　）。

A. df.iloc[2:3,['book','author']]

B. df.loc[2:3,['book','author']]

C. df.loc[2:4,['book','author']]

D. df.iloc[2:3,[0,1]]

**表 2.2　四大名著信息**

|  | book | author | dynasty |
|---|---|---|---|
| 0 | 三国演义 | 罗贯中 | 元末明初 |
| 1 | 水浒传 | 施耐庵 | 元末明初 |
| 2 | 西游记 | 吴承恩 | 明朝 |
| 3 | 红楼梦 | 曹雪芹 | 清朝 |

### 四、编程题

如表 2.3 所示，已知一些人员的年龄（age）、性别（gender）和月薪（salary）信息。

**表 2.3　人员信息**

| 序号 | age | gender | salary |
|---|---|---|---|
| 1 | 25 | female | 4000 |
| 2 | 30 | male | 8000 |
| 3 | 22 | None | 3000 |
| 4 | 28 | male | 5000 |

根据表 2.3 完成以下任务。

① 找出性别中的空值，并设置为 female。

② 添加一行数据（35、male、10000）。

③ 按照月薪从高到低排序，并输出月薪前 3 名的人员信息。

④ 筛选输出性别为 male 的人员信息。

⑤ 输出年龄为 28 和 35 的人员的性别和月薪。

# 单元 3
## 数据获取

### 学习目标

✧ 了解什么是网络爬虫

✧ 掌握使用 Python 读写各种数据的方法

---

博学之，审问之，慎思之，明辨之，笃行之。

——《礼记》

中央民族大学蒙曼教授解读说，这是学习的 5 个层次。博学，就是广泛地学习；审问，就是仔细地询问；慎思，就是努力地思考、谨慎地思考；明辨，就是清楚地分辨；笃行，就是忠诚地践行。这 5 个层次，彼此之间是相互递进的关系。2014 年 5 月 4 日，国家领导人在北京大学和师生座谈的时候引用了《礼记》中的这句话。这是国家领导人对青年的希望，也是对时代的希望。今天我们处在一个伟大的新时代，中华民族的发展也迎来了重大的历史机遇期。我们的青年要上进，我们的国家、民族要上进，那就必须大兴学习之风，用扎扎实实的学习来为实现中华民族伟大复兴的中国梦铺就一条扎扎实实的前进之路。

## 3.1 数据爬取

### 3.1.1 网络爬虫原理概述

数据爬取是采集网络数据的一种重要的途径。数据爬取往往使用网络爬虫来实现。网络爬虫实际上是一种"自动化浏览网络"的程序，或者说是一种"网络机器人"，它们被广泛用于互联网搜索引擎或其他类似网站，以获取或更新这些网站的内容和检索方式。它们可以自动采集所有其能够访问到的页面内容，以供搜索引擎做进一步的处理（分检整理下载的页面），从而使用户能更快地检索到他们需要的信息。

网络上的 HTML（Hypertext Markup Language，超文本标记语言）文档使用超链接连接起来，就像织成了一张网。网络爬虫顺着这张"网"爬行，每到一个页面就用爬取程序将这个页面"抓"下来，将其中的内容抽取出来，同时抽取超链接，作为进一步爬行的线索。网络爬虫总是要从某个起点开始爬行，这个起点叫作种子，可以自定义，也可以到一些网址列表网站上获取。据统计，现在网络上超过 50%的页面浏览量都是由网络爬虫贡献的。

网络爬虫可以爬取 Web 页面、文档，甚至图片、音频、视频等资源，通过相应的索引技术组织这些资源，提供给用户进行查询。随着网络的迅速发展，不断优化的网络爬虫技术能有效地应对各种挑战，为高效搜索用户关注的特定领域与主题提供了有力支撑。

传统网络爬虫从一个或若干个初始页面的 URL（Uniform Resource Locator，统一资源定位符）开始，获得初始页面上的 URL，在爬取页面的过程中，不断从当前页面上抽取新的 URL 放入队列，直到满足系统的停止条件。网络爬虫按照系统结构和实现技术，大致可以分为通用网络爬虫（General Purpose Web Crawler）、聚焦网络爬虫（Focused Web Crawler）、增量式网络爬虫（Incremental Web Crawler）、深层网络爬虫（Deep Web Crawler）等类型，实际使用的网络爬虫系统通常是这几种网络爬虫相结合实现的。这几种网络爬虫的实现原理如下。

① 通用网络爬虫，又称全网爬虫（Scalable Web Crawler），爬行对象从一些种子 URL 扩充到整个 Web，主要为门户站点搜索引擎和大型 Web 服务提供商采集数据。这类网络爬虫的爬行范围和数量巨大，对于爬行速度和存储空间要求较高，对于爬行页面的顺序要求相对较低；同时由于待刷新的页面太多，通常采用并行工作方式，但需要较长时间才能刷新一次页面。虽然存在一定缺陷，但通用网络爬虫适用于为搜索引擎搜索广泛的主题，有较强的应用价值。通用网络爬虫的实现过程如图 3.1.1 所示。

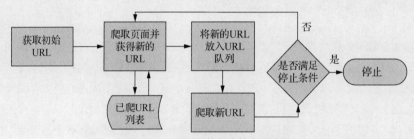

图 3.1.1　通用网络爬虫的实现过程

通用网络爬虫的体系结构大致可以分为页面爬行模块、页面分析模块、链接过滤模块、页面数据库、URL 队列、初始 URL 集合这几个部分。为了提高工作效率，通用网络爬虫会采取一定的爬行策略，常用的爬行策略有：深度优先爬行策略、广度优先爬行策略。

② 聚焦网络爬虫，又称主题网络爬虫（Topical Crawler），是指选择性地爬行那些与预先定义好的主题相关页面的网络爬虫。如果要采集指定的数据，则需要使用到聚焦网络爬虫。和通用网络爬虫相比，聚焦网络爬虫只需要爬行与主题相关的页面，极大地节省了硬件和网络资源，保存的页面由于数量少而更新快，可以很好地满足一些特定人群对特定领域信息的需求。聚焦网络爬虫的实现过程如图 3.1.2 所示。

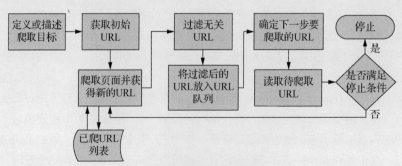

图 3.1.2　聚焦网络爬虫的实现过程

聚焦网络爬虫的工作流程较为复杂,它需要根据一定的页面分析算法过滤与主题无关的 URL,保留与主题有关的 URL 并将其放入等待爬取的 URL 队列。然后,它将根据一定的搜索策略从 URL 队列中选择下一步要爬取的页面 URL,并重复上述过程,直到达到系统的某一条件时停止。另外,所有被网络爬虫爬取的页面将会被系统存储,进行一定的分析、过滤,并建立索引,以便之后的查询和检索;对于聚焦网络爬虫来说,这一过程所得到的分析结果还可能为以后的爬取过程给出反馈和指导。

相对于通用网络爬虫,聚焦网络爬虫还需要解决以下 3 个主要问题。

- 对爬取目标的描述或定义。
- 对页面或数据的分析与过滤。
- 对 URL 的搜索策略。

聚焦网络爬虫和通用网络爬虫相比,增加了链接评价模块及内容评价模块。聚焦网络爬虫爬行策略实现的关键是评价页面内容和链接的重要性,不同的方法计算出的重要性不同,由此导致链接的访问顺序也不同。现有聚焦网络爬虫根据对爬取目标的描述可分为基于目标页面特征、基于目标数据模式和基于领域概念 3 种。

基于目标页面特征的聚焦网络爬虫主要实现思路是根据种子样本来爬取具有相似特征的页面。

基于目标数据模式的聚焦网络爬虫针对的是页面上的数据,所爬取的数据一般要符合一定的模式,或者可以转化,又或者映射为目标数据模式。

基于领域概念的聚焦网络爬虫主要实现的方式是通过建立目标领域的本体或词典,从语义角度分析不同特征在某一主题中的重要程度,然后根据分析结果进行爬取。

③ 增量式网络爬虫是指对已下载页面采取增量式更新和只爬行新产生或者已经发生变化的页面的网络爬虫,它能够在一定程度上保证所爬行的页面是尽可能新的页面。与周期性爬行和刷新页面的网络爬虫相比,增量式网络爬虫只会在需要的时候爬行新产生或发生变化的页面,并不重新下载没有发生变化的页面,这样可有效减少数据下载量,及时更新已爬行的页面,减小时间和空间上的耗费,但是会增加爬行算法的复杂度和实现难度。增量式网络爬虫的体系结构包含爬行模块、排序模块、更新模块、本地页面集、待爬行 URL 集及本地页面 URL 集。

增量式网络爬虫有两个目标:保持本地页面集中存储的页面为最新页面和提高本地页面集中页面的质量。为实现第一个目标,增量式网络爬虫需要通过重新访问页面来更新本地页面集中的页面内容,常用的方法如下。

- 统一更新法:网络爬虫以相同的频率访问所有页面,不考虑页面的改变频率。
- 个体更新法:网络爬虫根据个体页面的改变频率来重新访问各页面。
- 基于分类的更新法:网络爬虫根据页面改变频率将其分为更新较快页面子集和更新较慢页面子集两类,然后以不同的频率访问这两类页面。

为实现第二个目标,增量式网络爬虫需要对页面的重要性排序,常用的策略有:广度优先爬行策略、PageRank(页面等级)优先策略等。

④ 深层网络爬虫。Web 页面按存在方式可以分为表层页面(Surface Web Page)和深层页面(Deep Web Page)。表层页面是指传统搜索引擎可以索引的页面,以超链接可以到达的静态页面为主构成的 Web 页面。深层页面是那些大部分内容不能通过静态链接获取的、隐藏在搜索表单后的,只有用户提交一些关键词才能获得的 Web 页面。例如那些用户注册后内容才可见的页面就属于深层页面。2000 年 BrightPlanet(亮星)公司指出:深层页面中的可访问信息是表层页面的几百倍,是互

联网上最大、发展最快的新型信息资源。

深层网络爬虫体系结构包含 6 个基本功能模块（爬行控制器、解析器、表单分析器、表单处理器、响应分析器、LVS 控制器）和两个网络爬虫内部数据结构（URL 列表、LVS 表）。其中 LVS（Label/Value Set）表示标签/数值集合，用来表示填充表单的数据源。

深层网络爬虫爬行过程中非常重要的部分就是表单填写，包含两种类型。

● 基于领域知识的表单填写：此类型的表单填写一般会维持一个本体库，通过语义分析来选取合适的关键词填写表单。

● 基于页面结构分析的表单填写：此类型的表单填写一般无领域知识或仅有有限的领域知识，将页面表单表示成 DOM（Document Object Model，文档对象模型）树，从中提取表单的各字段值。

爬取目标的描述和定义是决定页面分析算法与 URL 搜索策略如何制订的基础。而页面分析算法和候选 URL 排序算法是决定搜索引擎所提供的服务形式和网络爬虫爬取页面行为的关键所在。这两个部分的算法又是紧密相关的。

爬行策略主要有深度优先爬行策略、广度优先爬行策略等。深度优先爬行策略的基本方法是按照深度由低到高的顺序，依次访问下一级页面链接，直到不能继续访问为止。网络爬虫在完成一个爬行分支后返回到上一链接节点进一步搜索其他链接。当所有链接遍历完后，爬行任务结束。这种策略比较适合垂直搜索或站内搜索，但爬行页面内容层次较深的站点时会造成资源的巨大浪费。

广度优先爬行策略则按照页面内容目录层次深浅来爬行页面，处于较浅目录层次的页面先被爬行。当同一层次中的页面爬行完毕后，网络爬虫再深入下一层次的页面继续爬行。广度优先爬行策略能够有效控制页面的爬行深度，避免遇到一个无穷深层分支时无法结束爬行的问题，实现方便，无须存储大量中间节点，不足之处在于需较长时间才能爬行到目录层次较深的页面。

如图 3.1.3 所示，假设有一个网站，A、B、C、D、E、F、G 分别为该网站下的页面，图中的箭头表示页面的层次结构。

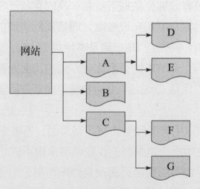

图 3.1.3　某网站的页面层次结构示意

假如此时页面 A、B、C、D、E、F、G 都在爬行队列中，那么按照不同的爬行策略，其爬取的顺序是不同的。

比如，如果按照深度优先爬行策略去爬取的话，那么此时首先会爬取一个页面，然后将这个页面的下层页面依次深入爬取完再返回上一层进行爬取。

所以，若按深度优先爬行策略，图 3.1.3 中页面的爬行顺序可以是：A→D→E→B→C→F→G。

如果按照广度优先的爬行策略去爬取的话，那么此时首先会爬取同一层次的页面，将同一层次的页面全部爬取完后，再选择下一个层次的页面去爬行。比如，在上述的网站中，如果按照广度优先爬行策略去爬取的话，爬行顺序可以是：A→B→C→D→E→F→G。

但网络爬虫要遵守一定的规则。几乎每一个网站都有一个名为 robots.txt 的文档，这个文档指定了网络爬虫允许访问的内容。如果网站有 robots.txt 文档，就要遵守 robots.txt 指定的爬取规则，不获取禁止访客获取的数据。

### 3.1.2 简易网络爬虫示例

简易网络爬虫由 3 个部分组成，如图 3.1.4 所示。

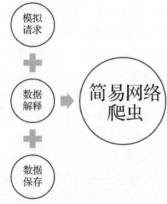

图 3.1.4　简易网络爬虫的组成

要实现网络爬虫，首先要实现模拟请求。模拟请求实际上就是让爬虫程序模仿真实用户的访问方式去访问页面。

HTTP（Hypertext Transfer Protocol，超文本传送协议）是一个客户端和服务器之间请求和应答的标准 TCP（Transmission Control Protocol，传输控制协议）。客户端是终端用户，服务器是网站。客户端通过使用 Web 浏览器、网络爬虫或者其他的工具，发起一个到服务器上指定端口（默认为80 端口）的 HTTP 请求，称这个客户端叫用户代理（User Agent）。应答的服务器上存储着一些资源，比如 HTML 文件和图像文件，称这个应答服务器为源服务器（Origin Server）。

通常先由 HTTP 客户端发起一个请求，建立一个到 HTTP 服务器上指定端口（默认是 80 端口）的 TCP 连接。HTTP 服务器则在指定端口监听 HTTP 客户端发送过来的请求。一旦收到请求，HTTP服务器向 HTTP 客户端发回一个状态行（比如 HTTP/1.1 200 OK）和响应的消息，消息的消息体可能是请求的文件、错误消息或者其他一些信息。页面请求过程如图 3.1.5 所示。

图 3.1.5　页面请求过程

因此，页面请求的过程分为两个环节。

① HTTP 请求：每一个展示在用户面前的页面都必须经过这一步，也就是客户端向服务器发送访问请求。

② HTTP 响应：服务器在接收到用户的请求后，会验证请求的有效性，然后向用户（客户端）发送响应的内容，客户端接收服务器响应的内容，将内容展示出来。

HTTP 请求的方法有多种，各种方法的解释如下。

① GET：请求获取 Request-URL 所标识的资源。

② POST：在 Request-URL 所标识的资源后附加新的数据。

③ HEAD：请求获取由 Request-URL 所标识的资源的响应消息报头。

④ PUT：请求服务器存储一个资源，并用 Request-URL 作为其标识。

⑤ DELETE：请求服务器删除 Request-URL 所标识的资源。

⑥ TRACE：请求服务器回送收到的请求信息，主要用于测试或诊断。

⑦ OPTIONS：请求查询服务器的性能，或者查询与资源相关的选项和需求。

⑧ CONNECT：保留，将来使用。

其中，常用的方法是 GET 和 POST。在浏览器的地址栏中以输入网址的方式访问页面时，浏览器就是采用 GET 方法向服务器获取资源的。而 POST 方法要求被请求服务器接收附在请求后面的数据，其常用于提交表单。

GET 方法和 POST 方法的区别如下。

① GET 方法提交的数据会放在 URL 之后，以"?"分隔 URL 和传输数据，参数之间以"&"相连，如 EditPosts.aspx?name=test1&id=123456；POST 方法是把提交的数据放在 HTTP 包的 Body 中。

② GET 方法提交的数据大小有限制，最多只能有 1024 B（因为浏览器对 URL 的长度有限制），而 POST 方法提交的数据大小没有限制。

③ GET 方法需要使用 Request.QueryString 来取得变量的值，而 POST 方法通过 Request.Form 来获取变量的值。

④ 使用 GET 方法提交数据，会带来安全问题，比如一个登录页面，通过 GET 方法提交数据时，用户名和密码将出现在 URL 上，如果页面可以被缓存或者其他人可以访问这台机器，就可以从历史记录中获得该用户的账号和密码。

下面我们将使用 Python 的 requests 库，尝试获取一些简单的页面信息。

requests 库是基于 urllib3 的，使用 requests 库可以更便捷地发送 HTTP 请求而无须手动向 URL 添加查询字符串，也无须对使用 POST 方法提交的数据进行表单编码。使用 requests 库的优点包括保持 Keep-Alive 状态及连接池、实现浏览器风格的 SSL（Secure Socket Layer，安全套接字层）验证、支持 HTTP（HTTPS）代理、自动内容解码等。

一般情况下，Anaconda 环境已包含 requests 库。若要检查 requests 库是否已安装，可使用以下命令。

```
conda list
```

若 requests 库已安装，将出现当前的版本信息，否则，可以使用以下命令进行安装。

```
conda install requests
```

requests 库提供了一些获取页面内容的方法，如表 3.1.1 所示。

表 3.1.1　requests 库获取页面内容的方法

| 序号 | 方法 | 说明 |
|---|---|---|
| 1 | request() | 构造一个 HTTP 请求，是支撑其他方法的基础方法 |
| 2 | get() | 获取 HTML 页面的主要方法，对应于 HTTP 请求的 GET 方法 |
| 3 | head() | 获取 HTML 页面头信息的方法，对应于 HTTP 请求的 HEAD 方法 |
| 4 | post() | 向 HTML 页面提交 POST 请求的方法，对应于 HTTP 请求的 POST 方法 |
| 5 | put() | 向 HTML 页面提交 PUT 请求的方法，对应于 HTTP 请求的 PUT 方法 |

通过上述方法，可以构造一个向服务器请求资源的 Request 对象，并返回一个包含服务器资源的 Response 对象。这个 Response 对象的常用属性和方法如表 3.1.2 所示。

表 3.1.2　Response 对象的常用属性和方法

| 序号 | 属性/方法 | 说明 |
|---|---|---|
| 1 | status_code | HTTP 请求的返回状态码，例如 200 表示连接成功，404 表示失败 |
| 2 | headers | 响应头的信息 |
| 3 | encoding | 响应内容的编码方式 |
| 4 | text | HTTP 响应内容的字符串形式，即 URL 对应的页面代码 |
| 5 | content | HTTP 响应内容的二进制形式 |
| 6 | cookies | cookie 的信息 |
| 7 | apparent_encoding | 从内容分析出的响应内容编码方式（备选编码方式） |
| 8 | raise_for_status() | 如果 status_code 不是 200，则产生异常 requests.HTTPError |

下面我们尝试构造一个简单的 HTTP 请求，并显示一些响应信息，代码如下所示。

```
01   import requests
02   r = requests.get("https://www.ptpress.com.cn/")    #访问人民邮电出版社主页
03   r.headers        #查看响应头的信息
04   r.status_code        #查看状态码，成功则为 200
05   r.encoding        #查看响应内容的编码方式
06   r.cookies        #获取 cookie 信息
07   r.text        #获取页面代码
```

第 2 行代码通过 requests 对象的 get()方法，访问人民邮电出版社的主页 https://www.ptpress.com.cn/，其返回值是一个名为 r 的 Response 对象，从这个对象中可以获取当前页面的一些信息。

第 3 行代码输出响应头的信息，如图 3.1.6 所示。

```
[3]:   {'Date': 'Thu, 03 Feb 2022 06:41:09 GMT', 'Content-Type': 'text/html;charset=UTF-8', 'Tra
       nsfer-Encoding': 'chunked', 'Connection': 'keep-alive', 'Set-Cookie': 'acw_tc=2760776e164
       38704699136071ea7d3ca1e3a9bcda44ebd959cdcc730eefc11;path=/;HttpOnly;Max-Age=1800, JSESSIO
       NID=0E5CA2F75EF701C35A1D4F3667491AA5;path=/;Secure;HttpOnly', 'Cache-Control': 'private',
       'Expires': 'Thu, 01 Jan 1970 08:00:00 CST', 'Content-Language': 'zh-CN'}
```

图 3.1.6　响应头的信息

第 4 行代码输出响应的状态码，成功则为 200，表示 HTTP 请求成功获得了响应，并可以爬取到页面代码，如图 3.1.7 所示。

第 5 行代码输出响应内容的编码方式，这里是 UTF-8，如图 3.1.8 所示。

```
[4]: 200
```

图 3.1.7　状态码

```
[5]: 'UTF-8'
```

图 3.1.8　响应内容的编码方式

第 6 行代码输出 cookie 信息，如图 3.1.9 所示。

```
[6]: <RequestsCookieJar[Cookie(version=0, name='JSESSIONID', value='0E5CA2F75EF701C35A1D4F3667
491AA5', port=None, port_specified=False, domain='www.ptpress.com.cn', domain_specified=F
alse, domain_initial_dot=False, path='/', path_specified=True, secure=True, expires=None,
discard=True, comment=None, comment_url=None, rest={'HttpOnly': None}, rfc2109=False), Co
okie(version=0, name='acw_tc', value='2760776e16438704699136071ea7d3ca1e3a9bcda44ebd959cd
cc730eefc11', port=None, port_specified=False, domain='www.ptpress.com.cn', domain_specif
ied=False, domain_initial_dot=False, path='/', path_specified=True, secure=False, expires
=1643872298, discard=False, comment=None, comment_url=None, rest={'HttpOnly': None}, rfc2
109=False)]>
```

图 3.1.9　cookie 信息

第 7 行代码输出页面代码，这里只截取了一部分代码，如图 3.1.10 所示。

```
[7]: '\r\n\r\n\r\n<!DOCTYPE html>\r\n<html lang="zh-CN">\r\n<head>\r\n  <meta charset="utf-8">\r\n
<meta name="renderer" content="webkit">\r\n  <meta http-equiv="X-UA-Compatible" content
="IE=edge">\r\n  <meta name="viewport" content="width=device-width, initial-scale=1">\r\n
<title>人民邮电出版社</title>\r\n  \r\n\r\n\r\n<link rel="shortcut icon" href="/static/eleBusin
ess/img/favicon.ico" charset="UTF-8"/>\r\n<link rel="stylesheet" href="/static/plugins/bo
otstrap/css/bootstrap.min.css">\r\n<link rel="stylesheet" href="/static/portal/css/iconfo
nt.css">\r\n<link rel="stylesheet" href="/static/portal/tools/iconfont.css">\r\n<link rel
```

图 3.1.10　页面代码（部分）

除了 get()方法，requests 库可以使用 post()、put()等请求方法，还能定制响应头和 cookie 等信息，甚至可以使用会话和代理，因此，使用 requests 库可以构造各种 HTTP 请求并获得响应及页面代码。接下来要从代码中找到并提取数据，可能需要使用其他 Python 库，例如 XPath、Beautiful Soup 等，其主要的功能是从页面中爬取数据，有兴趣的读者可查阅相关资料。

# 3.2　数据读写

## 3.2.1　读写 XLS 文件或 XLSX 文件

微课视频

Python 可使用 xlrd、xlwt、openpyxl 等库实现读写 XLS 文件及 XLSX 文件，其中 xlrd 用于读取 XLS 文件及 XLSX 文件，而 xlwt 用于写入 XLS 文件，openpyxl 则可用于读写 XLSX 文件。pandas 对这 3 个库进行了封装，可以很方便地读写 Excel 文件，支持 XLS 文件和 XLSX 文件等。但是，在使用 pandas 的方法之前，需要先安装 xlrd 和 xlwt，如下所示。

```
01  conda install xlrd          #安装读取 XLS 文件及 XLSX 文件的库
02  conda install xlwt          #安装写入 XLS 文件的库
03  conda install openpyxl      #安装读写 XLSX 文件的库
```

把指定的 DataFrame 对象写入 Excel 文件，可以直接使用 DataFrame 对象的 to_excel()方法，方法的原型如下所示。

```
01   DataFrame.to_excel(excel_writer, sheet_name='Sheet1', na_rep='',
     float_format=None, columns=None, header=True, index=True,
     index_label=None, startrow=0, startcol=0)
```

to_excel()方法的参数说明如表 3.2.1 所示。

**表 3.2.1　to_excel()方法的参数说明**

| 序号 | 参数 | 说明 |
| --- | --- | --- |
| 1 | excel_writer | 文件保存的路径及名称，字符串或 ExcelWriter 对象类型。可以是文件路径或现有的 ExcelWriter 对象 |
| 2 | sheet_name | 工作表名称，字符串类型，默认为"Sheet1" |
| 3 | na_rep | 缺失数据表示方式，字符串类型，默认为'' |
| 4 | float_format | 格式化浮点数的字符串，字符串类型，默认为 None |
| 5 | columns | 要编写的列，序列类型，可选 |
| 6 | header | 列名（列标签）。默认为 True，直接使用 DataFrame 对象的列标签。如果是包含指定字符串的列表，则设置指定的字符串为列标签 |
| 7 | index | 行名（行标签）。默认是 True，设置为 0,1,…,$N$-1 的整数。如果指定为 False，则不设置行标签 |
| 8 | index_label | 可以使用被索引列的列标签。如果未指定，并且 header 和 index 为 True，则使用列标签。如果数据文件使用多索引，则需使用序列。字符串或序列类型，默认为 None |
| 9 | startrow | 起始的单元格行号，默认为 0 |
| 10 | startcol | 起始的单元格列号，默认为 0 |

通过 to_excel()方法写入 XLS 文件及 XLSX 文件的代码如下所示。

```
01   import pandas as pd
02   df=pd.DataFrame({'作者':['曾参','子思','孔子及弟子','孟子及弟子'],
                      '书名':['大学','中庸 ','论语 ','孟子 ']
                      })
03   df.to_excel('data/四书.xls','四书',index=False)          # 写入 XLS 文件
04   df.to_excel('data/四书 2.xlsx','四书 2',index=False)      # 写入 XLSX 文件
```

第 3 行代码对 DataFrame 对象 df 调用了 to_excel()方法，把内容写入了 data 目录下文件"四书.xls"的"四书"工作表中，index=False 表示不保留默认的行标签（0、1、2、3）。

第 4 行代码对 DataFrame 对象 df 调用了 to_excel()方法，把内容写入了 data 目录下文件"四书 2.xlsx"的"四书 2"工作表中，index=False 表示不保留默认的行标签（0、1、2、3）。执行完毕后，data 目录下生成的文件"四书.xls"和"四书 2.xlsx"的内容分别如图 3.2.1 和图 3.2.2 所示。

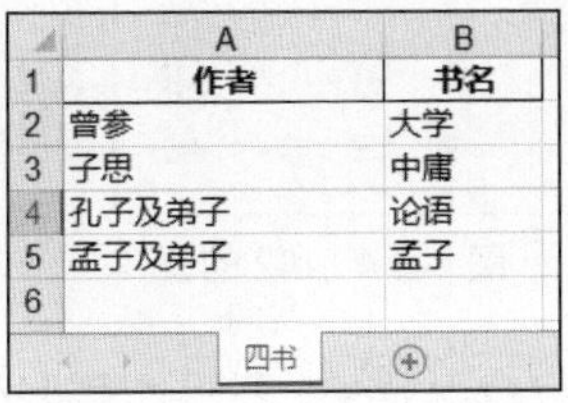

图 3.2.1　写入 XLS 文件

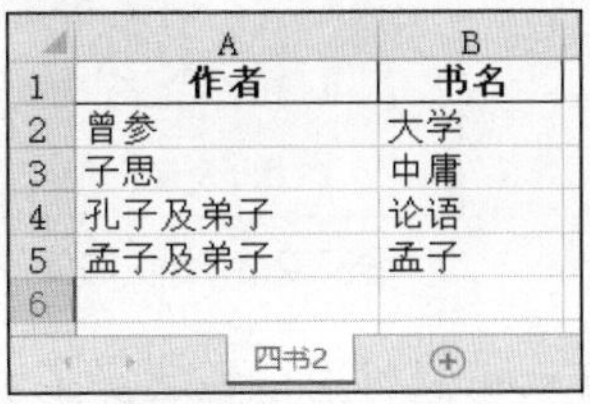

图 3.2.2　写入 XLSX 文件

**65**

读取 Excel 文件时，可以使用 pandas 的 read_excel()方法，其返回值是一个 DataFrame 对象，方法的原型如下所示。

```
01    import pandas as pd
02    df=pd.read_excel(filename,sheet_name=0,header=0,names=None,
      index_col=None, usecols=None)
```

read_excel()方法的参数说明如表 3.2.2 所示。

**表 3.2.2　read_excel()方法的参数说明**

| 序号 | 参数 | 说明 |
|---|---|---|
| 1 | filename | 文件路径，可以设置为绝对路径或相对路径 |
| 2 | sheet_name | 指定的工作表。如果 sheet_name 为 None，则返回全表。如果需要返回多张表，可以将 sheet_name 指定为一个列表，例如['Sheet1','Sheet2']。可以使用工作表名字的字符串或索引值（从 0 开始）指定所要选取的工作表 |
| 3 | header | 指定表头，即列标签，默认为第一行，若 header = None 则表示没有表头，全部为数据内容 |
| 4 | names | 如果没有表头，可用此参数传入列表作为表头 |
| 5 | index_col | 指定列用作行标签，默认为 None，设置 $0,1,\cdots,N-1$ 为行标签 |
| 6 | usecols | 读取指定的列，可以通过列标签读取，也可以通过索引值读取。将要读取的列指定为一个列表，例如[0,1] |

若读取文件成功，read_excel()方法将返回一个 DataFrame 对象，这样在处理数据时就能使用 DataFrame 对象的方法，非常方便。

接着上面的示例，读取文件的代码如下所示。

```
01    import pandas as pd
02    df1 = pd.read_excel('data/四书.xls')
03    df1
04    df2 = pd.read_excel('data/四书 2.xlsx')
05    df2
```

第 2 行代码用于读取指定的 data 目录下的"四书.xls"文件并将其保存到 DataFrame 对象 df1 中。

第 3 行代码输出 df1 的值，如图 3.2.3 所示。

第 4 行代码用于读取指定的 data 目录下的"四书 2.xlsx"文件并将其保存到 DataFrame 对象 df2 中，第 5 行代码输出 df2 的值，如图 3.2.4 所示。

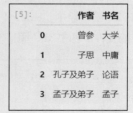

图 3.2.3　df1 的值　　　　　　　　　　图 3.2.4　df2 的值

一个 Excel 文件可以包含多张表，如果要读取指定的表，则要在 read_excel()方法中指定 sheet_name 参数。例如，文件"成绩表.xls"包含 3 张表，其中表"3 班"的数据如图 3.2.5 所示。

| | A | B | C |
|---|---|---|---|
| 1 | 学号 | Python | Java |
| 2 | 202003001 | 78 | 82 |
| 3 | 202003002 | 89 | 92 |
| 4 | 202003003 | 95 | 89 |
| 5 | 202003004 | 82 | 70 |
| 6 | 202003005 | 85 | 82 |
| 7 | 202003006 | 78 | 85 |
| 8 | 202003007 | 91 | 90 |
| 9 | 202003008 | 65 | 63 |

1班 2班 3班

图 3.2.5　文件“成绩表.xls”中表“3 班”的数据

要读取 data 目录下“成绩表.xls”文件中“3 班”的数据，代码如下所示。

```
01 import pandas as pd
02 df = pd.read_excel('data/成绩表.xls',sheet_name='3 班')
03 df
```

第 2 行代码读取“成绩表.xls 文件”中表“3 班”的数据，并将其保存到 DataFrame 对象 df 中。第 3 行代码输出 df 的值，结果如图 3.2.6 所示。

[3]:

| | 学号 | Python | Java |
|---|---|---|---|
| 0 | 202003001 | 78 | 82 |
| 1 | 202003002 | 89 | 92 |
| 2 | 202003003 | 95 | 89 |
| 3 | 202003004 | 82 | 70 |
| 4 | 202003005 | 85 | 82 |
| 5 | 202003006 | 78 | 85 |
| 6 | 202003007 | 91 | 90 |
| 7 | 202003008 | 65 | 63 |

图 3.2.6　df 的值

## 3.2.2　读写 CSV 文件

CSV（Comma-Separated Values，逗号分隔值，有时也称为字符分隔值）文件以纯文本形式存储表格数据（数字和文本）。CSV 是一种通用的、相对简单的文件格式，被商业和科学等领域广泛应用。pandas 可以很方便地处理 CSV 文件。

pandas 使用 read_csv()方法实现读取 CSV 文件，其返回值为 DataFrame 对象。读取指定 CSV 文件内容的代码形式如下所示。

```
import pandas as pd
df= pd.read_csv('<要读取的文件路径及文件名>')
```

除了文件路径和文件名是必备的参数，read_csv()方法的原型如下所示。

```
df=pd.read_csv(filepath_or_buffer, sep= ',', header=0, names=None, index_
col=None, usecols=None , engine=None, encoding=None)
```

read_csv()方法的参数说明如表 3.2.3 所示。

**表 3.2.3　read_csv()方法的参数说明**

| 序号 | 参数 | 说明 |
|---|---|---|
| 1 | filepath_or_buffer | 文件路径或者文件缓冲对象，CSV 文件的扩展名不一定是.csv，这个参数是必需的 |
| 2 | sep | 分隔符，默认是逗号，常用的还有制表符、空格等，可根据数据的实际情况传值 |
| 3 | header | 指定表头，即列标签，默认为第一行。若 header = None，则表示没有表头，全部为数据内容。如果没有指定 names 参数，则 header=0，即默认从文件的第一行读取列标签。若指定了 names 参数，则 header 由 names 参数指定 |
| 4 | names | 如果没有表头，可用此参数传入列表作为表头 |
| 5 | index_col | 指定列作为行标签，默认为 None，设置 0,1,…,$N$-1 为行标签 |
| 6 | usecols | 读取指定的列，可以通过列标签读取，也可以通过索引值读取。将要读取的列指定为一个列表，例如[0,1] |
| 7 | engine | 使用的分析引擎。可以选择'C'或者是'python'。如果文件名或者文件路径带有中文，需要指定为'python' |
| 8 | encoding | 指定字符集类型，通常为"utf-8"，支持切换为其他格式，如读取中文时可以设置为"gbk" |

pandas 写入 CSV 文件，可以通过 DataFrame 对象使用 to_csv()方法实现。to_csv()方法的原型如下所示，其参数说明如表 3.2.4 所示。

```
DataFrame.to_csv(filepath_or_buffer, sep=',', na_rep='', header=True, index=True,
encoding=None)
```

**表 3.2.4　to_csv()方法的参数说明**

| 序号 | 参数 | 说明 |
|---|---|---|
| 1 | filepath_or_buffer | 文件路径或者文件缓冲对象，CSV 文件的扩展名不一定是.csv，这个参数是必需的 |
| 2 | sep | 分隔符，默认是逗号，常用的还有制表符、空格等，可根据数据的实际情况传值 |
| 3 | na_rep | 缺失数据表示方式，字符串类型，默认为' ' |
| 4 | header | 列标签。默认为 True，直接使用 DataFrame 对象的列标签。如果是指定字符串的列表，则设置指定的字符串为列标签 |
| 5 | index | 行标签。默认为 True，设置为 0,1,…,$N$-1 的整数。如果指定为 False，则不设置行标签 |
| 6 | encoding | 指定字符集类型，通常为"utf-8" |

可以把指定的 DataFrame 对象写入 CSV 文件，然后把这个 CSV 文件的内容再读取出来，其代码如下。

```
01  import pandas as pd
02  df = pd.DataFrame({'书名':['零基础学 Python','Python 编程','Python 爬虫技术'],
             '评分':[4.5,4.5,5],
             '价格':[79.8,82.3,89.0],
```

```
        '出版日期':['2018-04-01','2021-05-01','2020-01-01'],
        '出版社':['吉林大学出版社','人民邮电出版社','清华大学出版社']
        })
03   df.to_csv('data/图书.csv',index=False, encoding="utf-8")  #写入 CSV 文件
     #读取 CSV 文件，文件名为中文，设置 engine='python'
04   df2 = pd.read_csv('data/图书.csv',engine='python', encoding="utf-8")
05   df2
```

第 3 行代码通过 DataFrame 对象 df 调用 to_csv()方法，把 df 的内容写入 data 目录下的文件"图书.csv"中。在 Jupyter Lab 中打开文件"图书.csv"，其内容如图 3.2.7 所示。

| | 书名 | 评分 | 价格 | 出版日期 | 出版社 |
|---|---|---|---|---|---|
| 1 | 零基础学Python | 4.5 | 79.8 | 2018-04-01 | 吉林大学出版社 |
| 2 | Python编程 | 4.5 | 82.3 | 2021-05-01 | 人民邮电出版社 |
| 3 | Python爬虫技术 | 5.0 | 89.0 | 2020-01-01 | 清华大学出版社 |

图 3.2.7　文件"图书.csv"的内容

第 4 行代码调用 pandas 的 read_csv()方法，把刚才写入"图书.csv"的内容读取并存放到 DataFrame 对象 df2。若读取成功，则程序的输出如图 3.2.8 所示。

| [5]: | | 书名 | 评分 | 价格 | 出版日期 | 出版社 |
|---|---|---|---|---|---|---|
| | **0** | 零基础学Python | 4.5 | 79.8 | 2018-04-01 | 吉林大学出版社 |
| | **1** | Python编程 | 4.5 | 82.3 | 2021-05-01 | 人民邮电出版社 |
| | **2** | Python爬虫技术 | 5.0 | 89.0 | 2020-01-01 | 清华大学出版社 |

图 3.2.8　df2 的值

### 3.2.3　读写 TXT 文件

TXT 文件是一种由若干行字符构成的计算机文件，它是一种典型的顺序文件。若使用 pandas 读 TXT 文件里的数据，可以通过 read_csv()方法或 read_table()方法实现。

read_table()方法的原型如下所示。

```
01   import pandas as pd
02   df=pd.read_table(filename, sep='\t', header=0, names=None, index_col=None,
     usecols=None , engine=None, encoding=None)
```

可见，read_csv()和 read_table()方法基本用法是一致的，区别在于 sep（分隔符参数）。由于 CSV 是逗号分隔值，read_csv()方法默认读取以","分隔的数据，而 read_table()方法默认读取以'\t'（制表符）分隔的数据集。但由于 TXT 文件分隔数据时使用的不一定是'\t'，因此往往需要额外指定分隔符。read_table()方法的常用参数说明如表 3.2.5 所示。

表 3.2.5  read_table()方法的常用参数说明

| 序号 | 参数 | 说明 |
|---|---|---|
| 1 | filename | 文件路径，可以设置为绝对路径或相对路径 |
| 2 | sep | 分隔符，字符串类型，read_csv()方法默认使用','，read_table()方法默认使用'\t' |
| 3 | header | 指定表头，即列标签，默认为第一行。若 header = None，则表示没有表头，全部为数据内容。如果没有指定 names 参数，则 header=0，即默认将文件的第一行读取为列标签。若指定了 names 参数，则 header 由 names 参数指定 |
| 4 | names | 如果没有表头，可用此参数传入列表作为表头 |
| 5 | index_col | 指定列用作行标签，默认为 None，设置 0,1,…,N−1 为行标签 |
| 6 | usecols | 读取指定的列，可以通过列标签读取，也可以通过索引值读取。将要读取的列指定为一个列表，例如[0,1] |

如果一个 TXT 文件里面的元素是以空格或制表符分隔的，但没有规律，则可以用正则表达式来匹配分隔符，例如 sep='\s*'，其中\s 表示匹配任何空白字符，包括空格、制表符、换页符等，而*表示匹配 1 个或者多个字符。

写入 TXT 文件也可以通过 DataFrame 对象的 to_csv()方法来实现。读写 TXT 文件的示例代码如下所示。

```
01  import pandas as pd
02  df = pd.DataFrame([[1,1,5],[1,2,4],[1,3,4]])
03  df.to_csv('data/test.txt',sep='|',header=None,index=False)
04  df2=pd.read_table('data/test.txt',sep='|',header=None)
    #这里也可以写成: df2=pd.read_csv('data/test.txt',sep='|',header=None)
05  df2
06  df2.to_csv('data/test2.txt',header=False,index=False)
```

第 3 行代码通过 DataFrame 对象 df 调用 to_csv()方法，把 df 的内容写入了文件"test.txt"中，设置数据的分隔符为"|"。打开文件"test.txt"，其内容如图 3.2.9 所示。

第 4 行代码通过 DataFrame 对象 df 调用 read_table()方法，把刚才写入"test.txt"的内容读取并存放到 DataFrame 对象 df2，设置读取时数据的分隔符为"|"，这里使用 read_csv()方法的效果也是一样的，读者可自行尝试。

第 5 行代码显示 df2 的值，输出如图 3.2.10 所示。

第 6 行代码把从文件"test.txt"读取到的内容写入文件"test2.txt"，分隔符采用默认设置，即"，"，因此打开文件"test2.txt"，其内容如图 3.2.11 所示。

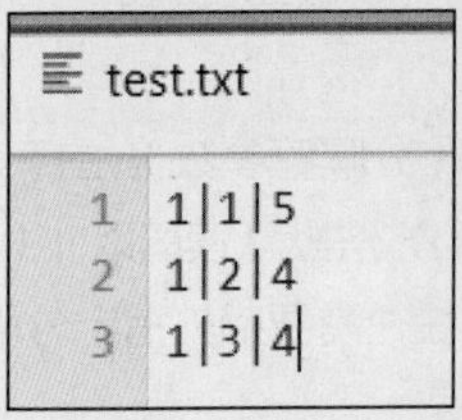

图 3.2.9  文件"test.txt"的内容

图 3.2.10  df2 的值

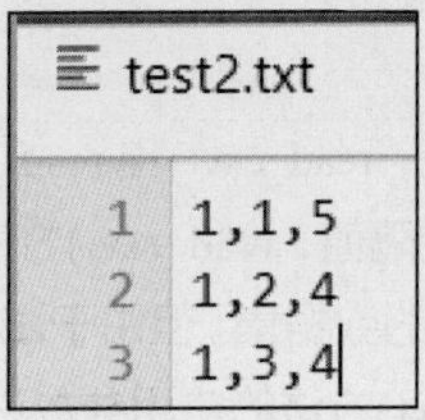

图 3.2.11  文件"test2.txt"的内容

### 3.2.4　读写 JSON 文件

JSON（JavaScript Object Notation，JavaScript 对象表示法）是存储和交换文本信息的语法，类似于 XML（Extensible Markup Language，可扩展标记语言），是一种轻量级的数据交换格式。JSON 基于纯文本的数据格式，它可以传输字符串、数值、布尔等类型的数据。JSON 文件的扩展名为.json。

JSON 有 JSON 对象和 JSON 数组两种数据结构。JSON 常见的用法之一是，从 Web 服务器上读取 JSON 数据，将 JSON 数据转换为 JavaScript 对象，然后在页面中使用该数据。JSON 使用 JavaScript 语法来描述数据对象，但 JSON 独立于编程语言和平台。JSON 解析器和 JSON 库支持许多不同的编程语言。JSON 文件比 XML 文件更小、读取更快、更易解析。

JSON 对象以"{"开始，以"}"结束，中间部分由 0 个或多个以","分隔的关键字及其值（即 key:value 对）构成，关键字和值之间以":"分隔，关键字（key）必须为字符串类型，而值（value）可以是字符串、数值、对象、数组等数据类型。JSON 对象的结构如图 3.2.12 所示。

JSON 数组以"["开始，以"]"结束，中间部分由 0 个或多个以","分隔的值的列表组成。其值可以是字符串、数值和布尔等数据类型。JSON 数组的结构如图 3.2.13 所示。

图 3.2.12　JSON 对象的结构

图 3.2.13　JSON 数组的结构

使用 pandas 读取符合规范的 JSON 文件的数据或 JSON 字符串，可以通过 read_json()方法实现，read_json()方法可以读取 JSON 文件的数据或 JSON 字符串并将数据转化为 Dataframe 对象。其常用的调用形式如下所示。

```
01    import pandas as pd
02    df=pd. read_json(filename =None, orient=None, type='frame')
```

read_json()方法的参数说明如表 3.2.6。

**表 3.2.6　read_json()方法的参数说明**

| 序号 | 参数 | 说明 |
|---|---|---|
| 1 | filename | 一个有效的 JSON 文件路径或者 JSON 格式的字符串 |
| 2 | orient | 默认为 None，可设置预期的 JSON 字符串格式，orient 可设置为以下几个值。<br>'split'：形如{index -> [index],columns -> [columns],data -> [values]}的字典，即由索引值、列标签和数据矩阵构成的 JSON 字符串。<br>'records'：形如[{column -> value},…,{column -> value}]的列表，即成员为字典的列表。<br>'index'：形如{index -> {column -> value}}的字典，即以索引值为键，以列标签和列值构成的字典为值。<br>'columns'：形如{column -> {index -> value}} 的字典，即以列标签为键，对应一个字典对象的值。这个字典对象以索引值为键，以值为键值构成 JSON 字符串。<br>'values'：只包含值的数组，即一个嵌套的列表 |
| 3 | type | 返回的格式（'series'或'frame'），默认是'frame' |

**71**

把 DataFrame 对象写入 JSON 文件可使用 DataFrame 对象的 to_json()方法实现，其原型如下所示。

```
df=pd.to_json(filename =None, orient=None, force_ascii=True)
```

其中，filename、orient 等参数的设置与表 3.2.6 中参数的设置是一样的，参数 force_ascii 的取值为布尔值，作用是决定编码方式是否强制为 ASCII。

data 目录下文件“weather.json”的内容如图 3.2.14 所示。

```
weather.json - 记事本
文件(F)  编辑(E)  格式(O)  查看(V)  帮助(H)
[
 {"temp":"20℃~30℃", "weather":"晴转多云", "city":"上海",
  "pm":"2.5","wind":"1级"},
 {"temp":"15℃~24℃", "weather":"晴", "city":"北京",
  "pm":"3","wind":"3级"},
 {"temp":"26℃~32℃", "weather":"多云", "city":"广州",
  "pm":"4","wind":"2级"}
]
```

图 3.2.14　文件“weather.json”的内容

读写 JSON 文件的示例代码如下所示。

```
01  import pandas as pd
02  df = pd.read_json('data/weather.json',encoding='utf-8')  #读 JSON 文件，设置
    编码方式为'utf-8'
03  df
04  # 写入 JSON 文件，设置 force_ascii=False，即可正确写入中文
    # orient='index'设置格式为{index -> {column -> value}}的字典，即以索引值为键，
    # 以列标签和列值构成的字典为值
    df.to_json('data/weather2.json',force_ascii=False,orient='index')
```

第 2 行代码调用 pandas 的 read_json()方法，把 data 目录下“weather.json”文件的内容存入 df 中。

第 3 行代码输出 df 的值，结果如图 3.2.15 所示。

| [3]: | temp | weather | city | pm | wind |
|---|---|---|---|---|---|
| 0 | 20℃~30℃ | 晴转多云 | 上海 | 2.5 | 1级 |
| 1 | 15℃~24℃ | 晴 | 北京 | 3.0 | 3级 |
| 2 | 26℃~32℃ | 多云 | 广州 | 4.0 | 2级 |

图 3.2.15　df 的值

第 4 行代码通过 DataFrame 对象 df 调用 to_json()方法，把 df 的值写入 data 目录下的文件“weather2.json”中，设置 force_ascii=False，即可正确写入中文，设置 orient='index'，则文件格式为{index -> {column -> value}}的字典，即以索引值为键，以列标签和列值构成的字典为值。文件“weather2.json”的内容如图 3.2.16 所示。

```
weather2.json - 记事本
文件(F)  编辑(E)  格式(O)  查看(V)  帮助(H)
{"0":{"temp":"20℃~30℃","weather":"晴转多云","city":"上海","pm":2.5,"wind":"1级"},
"1":{"temp":"15℃~24℃","weather":"晴","city":"北京","pm":3.0,"wind":"3级"},
"2":{"temp":"26℃~32℃","weather":"多云","city":"广州","pm":4.0,"wind":"2级"}}
```

图 3.2.16　文件“weather2.json”的内容

### 3.2.5 读写 MySQL 数据

pandas 也提供了读取 MySQL 数据库的方法，即 read_sql()和 read_sql_query()方法，这两个方法的区别在于 read_sql()方法可以将 SQL（Structure Query Language，结构查询语言）查询语句所查询到的内容或整个数据库读取为 DataFrame 对象，而 read_sql_query()方法只返回指定的 SQL 查询语句结果。

使用 read_sql()方法读取 MySQL 数据库，其返回值是一个 DataFrame 对象，其常用的调用形式如下所示。

```
01  import pandas as pd
02  df=pd.read_sql(sql, con, index_col=None, coerce_float=True, params=None,
    parse_dates=None, columns=None, chunksize=None)
```

read_sql()方法的常用参数说明如表 3.2.7 所示，最常用的是前两个参数：sql 和 con。

**表 3.2.7　read_sql()方法的常用参数说明**

| 序号 | 参数 | 说明 |
|---|---|---|
| 1 | sql | 字符串形式，要执行的 SQL 查询语句或数据表名 |
| 2 | con | 数据库连接的 engine 对象，用于数据库连接设置的字符串 |
| 3 | index_col | 字符串或字符串列表，默认值为 None，用于定义要设为索引值（可为多索引）的列 |

读取 MySQL 数据库，需要使用 pymysql 库来进行连接。为了生成 engine 对象，需要 sqlalchemy 库调用其 create_engine()方法才能生成引擎，然后使用 read_sql()方法读取数据即可。

pymysql 库的安装命令如下。

```
conda install pymysql
```

sqlalchemy 库的安装命令如下。

```
conda install sqlalchemy
```

使用 read_sql()方法读取 MySQL 数据库的示例如下。

```
01  import pandas as pd
02  import pymysql
03  import sqlalchemy
04  engine = sqlalchemy.create_engine(
            'mysql+pymysql://root:admin@localhost:3306/mydb?charset=utf8')
05  df = pd.read_sql('select * from student',con=engine )
06  df
```

第 4 行代码创建连接数据库的 engine 对象，root:admin 表示默认的 root 用户，密码为 root 用户的连接密码，3306 是默认的端口号，mydb 为要连接的数据库的名称，charset 指定字符集为 utf-8。

第 5 行代码通过 pandas 调用 read_sql()方法，第一个参数为 SQL 查询语句，student 为表名，表示查询 student 表的所有数据，con=engine 表示使用第 4 行代码创建的连接数据库的 engine 对象，返回值保存为 DataFrame 对象 df。

第 6 行代码输出 df 的值，如图 3.2.17 所示。

| [6]: | id | stu_number | name | age |
|---|---|---|---|---|
| **0** | 1 | 001 | xiaoli | 19 |
| **1** | 2 | 002 | xiaoma | 20 |
| **2** | 3 | 003 | xiaozhao | 20 |

图 3.2.17　student 表的所有数据

将数据写入 MySQL 需要使用 DataFrame 对象的 to_sql()方法，方法原型如下所示。

```
df.to_sql(name, con, schema=None, if_exists='fail', index=True, index_la-
bel=None, chunksize=None,dtype=None, method=None)
```

DataFrame 对象的 to_sql()方法的常用参数说明如表 3.2.8 所示。

**表 3.2.8　to_sql()方法的常用参数说明**

| 序号 | 参数 | 说明 |
|---|---|---|
| 1 | name | 数据表的名称 |
| 2 | con | 与数据库连接的方式，需要生成一个 engine 对象，推荐使用 sqlalchemy |
| 3 | if_exists | 当数据库中已经存在数据表时对数据表的操作，有'replace'（替换）、'append'（追加）、'fail'（当数据表存在时提示 ValueError） |
| 4 | index | 布尔值，默认为 True，将 DataFrame 对象的行标签写为列。若设置为 False，则不写入 DataFrame 对象的行标签 |

同样，需要 sqlalchemy 库调用其 create_engine()方法才能生成引擎。生成引擎之后，可以使用 DataFrame.to_sql()方法，将 DataFrame 对象所含的数据写入数据库。这种方式本身没有问题，但是在写入数据库时会提示预警信息，不影响正常写入。

仍然使用上面的 engine 对象，使用 to_sql()方法向 MySQL 数据库添加数据的代码如下。

```
07  df.loc[3] = [4,'004','xiaowang',20]
08  df[3:4].to_sql('student',con=engine,if_exists='append',index=False)
09  df2 = pd.read_sql('select * from student',con=engine)
10  df2
```

第 7 行代码给 df 添加一行数据。第 8 行代码将这行数据添加到 student 表，if_exists='append'表示追加到表后面，index=False 表示不使用 df 的行标签。

第 9 行代码重新连接数据库，完成对 student 表的查询，并将结果保存到 DataFrame 对象 df2 中。

第 10 行代码输出 df2 的值，如图 3.2.18 所示。

| [10]: | id | stu_number | name | age |
|---|---|---|---|---|
| **0** | 1 | 001 | xiaoli | 19 |
| **1** | 2 | 002 | xiaoma | 20 |
| **2** | 3 | 003 | xiaozhao | 20 |
| **3** | 4 | 004 | xiaowang | 20 |

图 3.2.18　使用 to_sql()方法添加数据的结果

### 任务实践 3：读写商品类别文件

已知 data 目录下某网站的商品类别文件"cat.json"，其部分内容如图 3.2.19 所示。

```
📄 cat.json - 记事本
文件(F)  编辑(E)  格式(O)  查看(V)  帮助(H)
[
    {
        "cid":121266001,
        "is_parent":true,
        "name":"众筹",
        "parent_cid":0
    },
    {
        "cid":120886001,
        "is_parent":true,
        "name":"公益",
        "parent_cid":0
    },
```

图 3.2.19　文件"cat.json"的部分内容

实现任务：从该文件中获取商品类别的编号（cid）和名称（name）数据，按编号从小到大排序，并将结果存入文件"商品类别.xlsx"中。

完成以上任务的代码如下所示。

```
01   import pandas as pd
02   df=pd.read_json('data/cat.json',encoding='utf-8')       #读取文件"cat.json"
03   df2=pd.DataFrame({'cid':df['cid'],'name':df['name']}) #获取商品编号和名称数据
04   df2.sort_values(by='cid',inplace=True)           #按商品编号升序排列
05   df2.head()                                       #输出前 5 行数据
06   df2.to_csv('data/商品类别.xlsx',index=False)         #写入文件"商品类别.xlsx"中
```

第 2 行代码读取 data 目录下的文件"cat.json"。

第 3 行代码获取商品编号和名称数据，将获取的数据组成字典，然后重新创建一个 DataFrame 对象 df2，并将字典存入 df2 中。

第 4 行代码将数据按商品编号升序排列，inplace=True 表示直接修改原数据，即通过 df2 保存排序后的新数据。

第 5 行代码输出 df2 的前 5 行数据，结果如图 3.2.20 所示。

| [5]: | cid | name |
|---|---|---|
| **29** | 11 | 电脑硬件/显示器/电脑周边 |
| **24** | 14 | 数码相机/单反相机/摄像机 |
| **74** | 16 | 女装/女士精品 |
| **35** | 20 | 电玩/配件/游戏/攻略 |
| **48** | 21 | 居家日用 |

图 3.2.20　df2 的前 5 行数据

第 6 行代码将 df2 的数据写入 data 目录下的文件"商品类别.xlsx"中，index=False 表示不保留行标签。执行第 6 行代码后，生成文件"商品类别.xlsx"的部分内容，如图 3.2.21 所示。

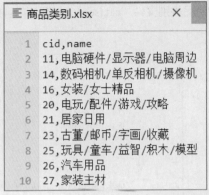

图 3.2.21　文件"商品类别.xlsx"的部分内容

## 3.3　总结

本单元主要介绍了网络爬虫的概念及数据读写的实现，重点介绍了如何使用 Python 读写各种文件的数据。数据爬取是采集网络数据的一种重要的途径，往往使用网络爬虫来实现。网络爬虫按照系统结构和实现技术，大致可以分为通用网络爬虫、聚焦网络爬虫、增量式网络爬虫、深层网络爬虫等类型，不同网络爬虫的爬行策略是不同的。实现网络爬虫，主要是实现模拟请求，获得服务器响应及页面代码，从而提取并保存数据。数据可能以各种不同类型的文件存储，通过 pandas 对应的方法，可以读取 XLS 文件、XLSX 文件、CSV 文件、TXT 文件、JSON 文件等各类文件及 MySQL 数据，也可以把处理后的数据根据需要存储为上述形式。

本单元知识点的思维导图如下所示。

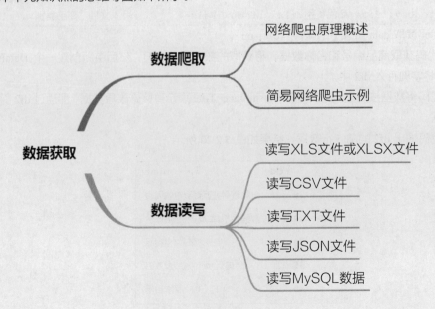

## 拓展实训：读写广州市邮政编码数据

已知 data 目录下的广州市邮政编码文件"guangzhou.json"，其部分内容如图 3.1 所示。

```
[
    {
    "id": 1,
    "name": "越秀区",
    "zipcode": "510030"
    },
    {
    "id": 2,
    "name": "荔湾区",
    "zipcode": "510145"
    },
    {
    "id": 3,
    "name": "海珠区",
    "zipcode": "510220"
    },
    {
    "id": 4,
    "name": "天河区",
    "zipcode": "510630"
    },
    {
    "id": 5,
    "name": "白云区",
    "zipcode": "510080"
    }
]
```

图 3.1　文件"guangzhou.json"的部分内容

实现任务：读取该文件的内容，按邮政编码（zipcode）从小到大排序，并将结果存入文件"广州市老五区邮编.xlsx"中。

## 课后习题

### 一、填空题

1. （　　　　　　　），又称（　　　　　　　），是指选择性地爬行那些与预先定义好的主题相关页面的网络爬虫。

2. Web 页面按存在方式可以分为表层页面和（　　　　）。

3. 页面请求的过程分为（　　　）和（　　　）两个环节。

4. （　　　　），有时也称为字符分隔值，其文件以纯文本形式存储表格数据（数字和文本）。

5. JSON 分为（　　　　）和（　　　　）两种数据结构。

### 二、判断题

1. 要实现网络爬虫，首先要实现模拟请求。模拟请求实际上就是让爬虫程序模仿真实用户的方式去访问页面。　　　　　　（　　）

2. to_excel()是 DataFrame 对象的方法。　　　　　　（　　）

3. CSV 文件数据的常用分隔符是"|"。　　　　　　（　　）

4. 若读取文件成功，read_excel()方法将返回一个 Series 对象。　　　（　　）

5. pandas 也提供了读取 MySQL 数据库的方法 read_sql()。　　　（　　）

### 三、单选题

1. 使用（　　）方法提交表单数据，会带来安全问题，比如一个登录页面，通过这种方式提交数据时，用户名和密码将出现在 URL 上。

  A. GET　　　　　　　B. POST　　　　　C. HEAD　　　　　D. TRACE

2. 发送了一个 HTTP 请求后，客户端收到一个状态码 200，这表示（　　）。

  A. 拒绝访问　　　　　　　　　　　　B. 登录失败

  C. 重定向到其他 URL　　　　　　　　D. 请求成功

3. 关于各种网络爬虫，以下说法不正确的是（　　）。

  A. 通用网络爬虫通常采用并行工作方式，但需要较长时间才能刷新一次页面

  B. 通用网络爬虫适用于为搜索引擎搜索广泛的主题，有较强的应用价值

  C. 聚焦网络爬虫根据一定的页面分析算法过滤与主题无关的链接，保留有用的链接并将其放入等待爬取的 URL 队列

  D. 增量式网络爬虫在需要的时候爬行新产生或发生变化的页面，并重新下载所有页面

4. 读取 TXT 文件可以使用（　　）方法。

  A. read_csv()　　　　　　　　　　B. read_txt()

  C. read_table()　　　　　　　　　D. read_csv()和 read_table()

5. 关于表层页面及深层页面，以下说法不正确的是（　　）。

  A. 表层页面是指传统搜索引擎可以索引的页面，以超链接可以到达的静态页面为主构成的 Web 页面

  B. 深层页面是那些大部分内容不能通过静态链接获取的、隐藏在搜索表单后的，只有用户提交一些关键词才能获得的 Web 页面

  C. 深层页面中包含的信息远远少于表层页面

  D. 深层网络爬虫主要用于爬取隐藏在搜索表单后的深层页面

### 四、编程题

如表 3.1 所示，已知一些学生的姓名（name）、班级（class）和年龄(age)信息。

表 3.1　部分学生信息

| 序号 | name | class | age |
| --- | --- | --- | --- |
| 1 | abc | 1 | 15 |
| 2 | xyz | 2 | 16 |

根据表 3.1 完成以下任务。

① 使用表中数据创建字典。

② 使用上述字典创建 DataFrame 对象。

③ 把数据写入 CSV 文件。

# 单元 4

## 数据合并

### 学习目标

◇ 掌握堆叠合并数据的原理和方法

◇ 掌握主键合并数据的原理和方法

◇ 掌握重叠合并数据的原理和方法

路漫漫其修远兮，吾将上下而求索。

——屈原《离骚》

这句话出自屈原的《离骚》，本意是，前方的道路漫长又遥远，我将百折不挠、不遗余力地去探寻。千百年来这句名言鼓舞了很多志士仁人去努力奋斗，在坎坷中探索、辨别、寻求自己的道路。在学习的漫漫道路上也存在着许多困难险阻，并不能一蹴而就，而是需要我们付出不懈的努力并不断坚持！只有通过"上下求索"，不断实践，方能到达成功的彼岸！

## 4.1 堆叠合并数据

微课视频

堆叠合并可以沿着指定的行/列将多个 DataFrame 或者 Series 对象合并到一起。按照合并的方向，可以分为横向堆叠合并、纵向堆叠合并和交叉堆叠合并。堆叠合并操作可以通过 pandas 的 concat()方法完成。concat()方法的主要参数说明如表 4.1.1 所示，堆叠合并方式如图 4.1.1 所示。concat()方法的返回值为合并后的 DataFrame 或 Series 对象。

表 4.1.1　concat()方法的主要参数说明

| 序号 | 参数 | 说明 |
|------|------|------|
| 1 | objs | 需要连接的对象集合，一般是列表或者字典 |
| 2 | axis | 合并的方向，axis=0 代表纵向堆叠合并，axis=1 代表横向堆叠合并，默认值为 0 |
| 3 | join | 值为'inner'（两表的交集）或'outer'（两表的并集） |
| 4 | ignore_index | 布尔值，默认值为 False，表示保留原来的行标签。若为 True，表示产生新的行标签，值为 0,1,…,$N$-1 |
| 5 | Keys | 指明数据来源于哪个变量，该参数通过列表方式赋值 |

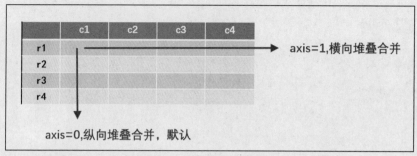

图 4.1.1　堆叠合并方式

## 4.1.1　横向堆叠合并

横向堆叠合并操作是将不同的表按行标签进行横向拼接，在 concat()方法中设置参数 axis=1。如果表的行标签不同，则缺失的数据用 NaN 填充。例如，pandas 的 DataFrame 对象 df1、df2 和 df3 的结构如图 4.1.2 所示。

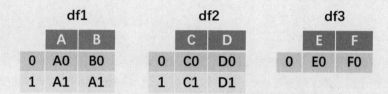

图 4.1.2　DataFrame 对象 df1、df2 和 df3 的结构

横向堆叠合并 df1 和 df2 的代码如下所示。

```
01   import pandas as pd
02   df1 = pd.DataFrame({'A':['A0','A1'],'B':['B0','B1']})
03   df2 = pd.DataFrame({'C':['C0','C1'],'D':['D0','D1']})
04   cont = pd.concat([df1,df2],axis=1)
05   cont
```

其中，第 2 行代码调用 pandas 的 DataFrame()构造方法创建对象 df1。

第 3 行代码调用 pandas 的 DataFrame()构造方法创建对象 df2。

第 4 行代码调用 pandas 的 concat()方法进行横向堆叠合并，[df1,df2]表示由对象 df1 和 df2 组成的列表，axis=1 表示横向堆叠合并。

执行第 5 行代码，cont 的输出结果如图 4.1.3 所示，df1 和 df2 被横向拼接。

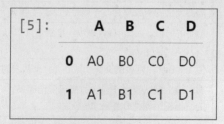

图 4.1.3　横向堆叠合并 df1 和 df2 的结果

接着上面的示例，继续在 cont 上横向堆叠合并对象 df3，代码如下所示。

```
06  df3 = pd.DataFrame({'E':['E0'],'F':['F0']})
07  cont = pd.concat([cont,df3],axis=1)
08  cont
```

其中，第 6 行代码调用 pandas 的 DataFrame()构造方法创建对象 df3。

第 7 行代码调用 pandas 的 concat()方法进行横向堆叠合并，[cont,df3]表示由对象 cont 和 df3 组成的列表，axis=1 表示横向堆叠合并。

执行第 8 行代码，再次输出 cont 的结果如图 4.1.4 所示，df1、df2 和 df3 被横向拼接。df1、df2 和 df3 的行数不一致，缺失的数据用 NaN 填充。

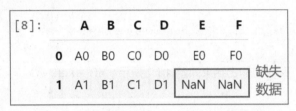

图 4.1.4　横向堆叠合并 df1、df2 和 df3 的结果

## 4.1.2　纵向堆叠合并

纵向堆叠合并操作是将不同的表按列标签进行纵向拼接。在 concat()方法中，默认纵向堆叠合并，即参数 axis=0。纵向堆叠合并是按列对齐，如果表的列标签不同，则缺失的数据用 NaN 填充。例如，pandas 的 DataFrame 对象 df1、df2 和 df3 的结构如图 4.1.5 所示。

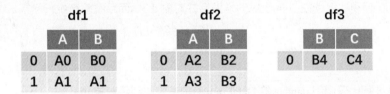

图 4.1.5　DataFrame 对象 df1、df2 和 df3 的结构

纵向堆叠合并 df1 和 df2 的代码如下所示。

```
01  import pandas as pd
02  df1 = pd.DataFrame({'A':['A0','A1'],'B':['B0','B1']})
03  df2 = pd.DataFrame({'A':['A2','A3'],'B':['B2','B3']})
04  cont = pd.concat([df1,df2])
05  cont
```

其中，第 2 行代码调用 pandas 的 DataFrame()构造方法创建对象 df1。

第 3 行代码调用 pandas 的 DataFrame()构造方法创建对象 df2。

第 4 行代码调用 pandas 的 concat()方法进行纵向堆叠合并，[df1,df2]表示由对象 df1 和 df2 组成的列表，默认纵向堆叠合并。

执行第 5 行代码，cont 的输出结果如图 4.1.6 所示，df1 和 df2 被纵向拼接。

|  [5]: | A | B |
|---|---|---|
| 0 | A0 | B0 |
| 1 | A1 | B1 |
| 0 | A2 | B2 |
| 1 | A3 | B3 |

图 4.1.6　纵向堆叠合并 df1 和 df2 的结果

从图 4.1.6 的结果看出，纵向堆叠合并默认保留原来的行标签。如果要重新产生行标签，则需要设置参数 ignore_index=True。接着上面的示例，纵向堆叠合并 df1 和 df2，而且重新产生行标签的代码如下所示。

```
06   cont = pd.concat([df1,df2], ignore_index=True)
07   cont
```

执行第 7 行代码，cont 的输出结果如图 4.1.7 所示，df1 和 df2 被纵向拼接，而且重新产生行标签。

|  [7]: | A | B |
|---|---|---|
| 0 | A0 | B0 |
| 1 | A1 | B1 |
| 2 | A2 | B2 |
| 3 | A3 | B3 |

图 4.1.7　纵向堆叠合并 df1 和 df2，且重新产生行标签的结果

接着上面的示例，继续在 cont 上纵向堆叠合并对象 df3，而且重新产生行标签，代码如下所示。

```
08   df3 = pd.DataFrame({'B':['B4'],'C':['C4']})
09   cont = pd.concat([cont,df3], ignore_index=True)
10   cont
```

其中，第 8 行代码调用 pandas 的 DataFrame()构造方法创建对象 df3。

第 9 行代码纵向堆叠合并上面示例产生的对象 cont 和对象 df3，而且重新产生行标签。

执行第 10 行代码，cont 的输出结果如图 4.1.8 所示，df1、df2 和 df3 被纵向拼接，而且重新产生行标签。纵向堆叠合并时按列标签对齐，缺失的数据用 NaN 填充。

|  [10]: | A | B | C |
|---|---|---|---|
| 0 | A0 | B0 | NaN |
| 1 | A1 | B1 | NaN |
| 2 | A2 | B2 | NaN |
| 3 | A3 | B3 | NaN |
| 4 | NaN | B4 | C4 |

图 4.1.8　纵向堆叠合并 df1、df2 和 df3，且重新产生行标签的结果

### 4.1.3　交叉堆叠合并

交叉堆叠合并操作是按行/列标签对齐，得到两表的交集或者并集的合并操作，通过在 concat() 方法中设置 join 参数来实现。如果 join='inner'，合并后得到两表的交集；如果 join='outer'，合并后得到两表的并集，缺失的数据仍然用 NaN 填充。例如，pandas 的 DataFrame 对象 df1 和 df2 的结构如图 4.1.9 所示。

|   df1 | A | B |
|---|---|---|
| 0 | A0 | B0 |
| 1 | A1 | B1 |
| 2 | A2 | B2 |

|   df2 | B | C |
|---|---|---|
| 2 | B2 | C2 |
| 3 | B3 | C3 |

图 4.1.9　DataFrame 对象 df1 和 df2 的结构

交叉堆叠合并 df1 和 df2 的代码如下所示。

```
01  import pandas as pd
02  df1 = pd.DataFrame({'A':['A0','A1','A2'],'B':['B0','B1','B2']})
03  df2 = pd.DataFrame({'B':['B2','B3'] , 'C':['C2','C3']},index=[2,3])
04  cont = pd.concat([df1,df2],axis=1,join='inner')     #按横向合并得到 df1 和 df2 的
    交集
05  cont
06  cont = pd.concat([df1,df2],axis=1,join='outer')     #按横向合并得到 df1 和 df2 的
    并集
07  cont
08  cont = pd.concat([df1,df2],join='inner')      #按纵向合并得到 df1 和 df2 的交集
09  cont
10  cont = pd.concat([df1,df2],join='outer')      #按纵向合并得到 df1 和 df2 的并集
11  cont
```

其中，第 2 行代码调用 pandas 的 DataFrame() 构造方法创建对象 df1。

第 3 行代码调用 pandas 的 DataFrame() 构造方法创建对象 df2。

第 4 行代码调用 pandas 的 concat() 方法进行交叉堆叠合并，按横向合并得到 df1 和 df2 的交集，即得到 df1 和 df2 中相同行标签的数据，然后进行横向拼接。

执行第 5 行代码，cont 的输出结果如图 4.1.10 所示。

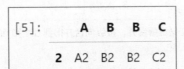

图 4.1.10　交叉堆叠合并，按横向合并得到 df1 和 df2 的交集

第 6 行代码调用 pandas 的 concat() 方法进行交叉堆叠合并，按横向合并得到 df1 和 df2 的并集，

即得到 df1 和 df2 中所有行标签的数据，然后进行横向拼接，缺失数据填充为 NaN。

执行第 7 行代码，cont 的输出结果如图 4.1.11 所示。

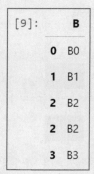

图 4.1.11　交叉堆叠合并，按横向合并得到 df1 和 df2 的并集

第 8 行代码调用 pandas 的 concat()方法进行交叉堆叠合并，按纵向合并得到 df1 和 df2 的交集，即得到 df1 和 df2 中相同列标签的数据，然后进行纵向拼接。

执行第 9 行代码，cont 的输出结果如图 4.1.12 所示。

图 4.1.12　交叉堆叠合并，按纵向合并得到 df1 和 df2 的交集

第 10 行代码调用 pandas 的 concat()方法进行交叉堆叠合并，按纵向合并得到 df1 和 df2 的并集，即得到 df1 和 df2 中所有列标签的数据，按列对齐，然后进行纵向拼接。

执行第 11 行代码，cont 的输出结果如图 4.1.13 所示。

图 4.1.13　交叉堆叠合并，按纵向合并得到 df1 和 df2 的并集

## 任务实践 4-1：合并商品销售数据

某商场 7、8、9 这 3 个月的运动鞋的销售量前 3 名的数据如表 4.1.2、表 4.1.3、

微课视频

表 4.1.4 所示。为了分析运动鞋的销售情况，现在需要完成如下任务。

① 把该商场 7、8、9 这 3 个月运动鞋的销售量前 3 名的数据汇总到一张表。

② 统计该商场 7、8、9 这 3 个月运动鞋的销售量前 3 名中都出现的运动鞋品牌。

**表 4.1.2  7 月销售量前 3 名**

| 品牌 | 销售量 |
|---|---|
| 鸿星尔克 | 1000 |
| 安踏 | 324 |
| 361 度 | 256 |

**表 4.1.3  8 月销售量前 3 名**

| 品牌 | 销售量 |
|---|---|
| 李宁 | 500 |
| 安踏 | 450 |
| 特步 | 368 |

**表 4.1.4  9 月销售量前 3 名**

| 品牌 | 销售量 |
|---|---|
| 安踏 | 245 |
| 匹克 | 180 |
| 回力 | 123 |

完成上述任务的代码如下所示。

```
01  import pandas as pd
02  df_7 = pd.DataFrame({
            '品牌' : ['鸿星尔克','安踏','361度'],
            '销售量': [1000,324,256],
            })
03  df_7
04  df_8 = pd.DataFrame({
            '品牌' : ['李宁','安踏','特步'],
            '销售量': [500,450,368],
            })
05  df_8
06  df_9 = pd.DataFrame({
            '品牌' : ['安踏','匹克','回力'],
            '销售量': [245,180,123],
            })
07  df_9
08  df_all = pd.concat([df_7,df_8,df_9],axis=1,keys = ['7月', '8月', '9月'])
09  df_all
10  df_7.rename(index={0:'鸿星尔克',1:'安踏',2:'361度'},inplace=True)
11  df_8.rename(index={0:'李宁',1:'安踏',2:'特步'},inplace=True)
12  df_9.rename(index={0:'安踏',1:'匹克',2:'回力'},inplace=True)
13  df_top3 = pd.concat([df_7['销售量'],df_8['销售量'],df_9['销售量']],
    axis=1,join='inner',keys = ['7月', '8月', '9月'])
14  df_top3
```

第 2 行代码通过字典创建了一个 DataFrame 对象 df_7，用于存储 7 月的运动鞋销售数据。

第 3 行代码查看 df_7 的数据，输出结果如图 4.1.14 所示。

第 4 行代码通过字典创建了一个 DataFrame 对象 df_8，用于存储 8 月的运动鞋销售数据。

第 5 行代码查看 df_8 的数据，输出结果如图 4.1.15 所示。

第 6 行代码通过字典创建了一个 DataFrame 对象 df_9，用于存储 9 月的运动鞋销售数据。

第 7 行代码查看 df_9 的数据，输出结果如图 4.1.16 所示。

| [3]: | 品牌 | 销售量 |
|---|---|---|
| 0 | 鸿星尔克 | 1000 |
| 1 | 安踏 | 324 |
| 2 | 361度 | 256 |

图 4.1.14　df_7 的数据

| [5]: | 品牌 | 销售量 |
|---|---|---|
| 0 | 李宁 | 500 |
| 1 | 安踏 | 450 |
| 2 | 特步 | 368 |

图 4.1.15　df_8 的数据

| [7]: | 品牌 | 销售量 |
|---|---|---|
| 0 | 安踏 | 245 |
| 1 | 匹克 | 180 |
| 2 | 回力 | 123 |

图 4.1.16　df_9 的数据

完成任务实践 4-1 的①，把该商场 7、8、9 这 3 个月运动鞋的销售量前 3 名的数据汇总到一张表，即可以直接通过横向堆叠合并操作，把 df_7、df_8 和 df_9 的数据合并在一起。第 8 行代码进行横向堆叠合并操作，并创建了一个 DataFrame 对象 df_all，用于存储合并后的运动鞋销售数据。而且，为了便于区别，通过设置 keys 参数，将合并轴上的标签分别设置为 7 月、8 月和 9 月。第 9 行代码查看 df_all 的数据，输出结果如图 4.1.17 所示。

| [9]: | 7月 | | 8月 | | 9月 | |
|---|---|---|---|---|---|---|
| | 品牌 | 销售量 | 品牌 | 销售量 | 品牌 | 销售量 |
| 0 | 鸿星尔克 | 1000 | 李宁 | 500 | 安踏 | 245 |
| 1 | 安踏 | 324 | 安踏 | 450 | 匹克 | 180 |
| 2 | 361度 | 256 | 特步 | 368 | 回力 | 123 |

图 4.1.17　df_all 的数据

完成任务实践 4-1 的②，统计该商场 7、8、9 这 3 个月运动鞋的销售量前 3 名中都出现的运动鞋品牌，即要求 7、8、9 这 3 个月运动鞋的销售量前 3 名的交集。由于 concat() 方法进行横向堆叠合并时，是按行标签求交集的，所以先修改 df_7、df_8 和 df_9 中数据的行标签为品牌，第 10～12 行代码完成修改操作。第 13 行代码对 df_7、df_8 和 df_9 的销售量数据进行横向堆叠合并操作，join='inner'表示求它们三者的交集，并通过 DataFrame 对象 df_top3 来存储合并后的结果。第 14 行代码查看 df_top3 的数据，结果如图 4.1.18 所示。

| [14]: | 7月 | 8月 | 9月 |
|---|---|---|---|
| 安踏 | 324 | 450 | 245 |

图 4.1.18　df_top3 的数据

从图 4.1.18 的结果可以看出，7、8、9 月的销售量都在前 3 名的运动鞋品牌为安踏。

## 4.2　主键合并数据

微课视频

主键合并操作是通过 1 个或多个键值（键值是指数据表中值可唯一标识一行数据的列标签，类似于关系数据库中数据表的主键）将两张数据表进行横向连接。根据合并方式的不同，主键合并可以分为左连接、右连接、内连接和外连接。

主键合并可以通过 pandas 的 merge() 方法完成。和 concat() 方法不同，merge() 方法只能用于两张表的拼接，而且通过参数名称也能看出连接方向是左右拼接，一张左表一张右表，而且参数中没有指定拼接轴的参数，所以 merge()方法不能用于表的上下拼接。merge()方法的主要参数说明如表 4.2.1 所示。

**表 4.2.1 merge()方法的主要参数说明**

| 序号 | 参数 | 说明 |
|---|---|---|
| 1 | left | 表示需要合并的左表，可接收的数据为 DataFrame 对象 |
| 2 | right | 表示需要合并的右表，可接收的数据为 DataFrame 对象 |
| 3 | how | 表示左表、右表的合并方式，默认为'inner'，取值有'left'、'right'、'inner'、'outer'，说明如下。<br>'left'：按左表的键值进行合并，保持左表的键值顺序，如果左表的键值在右表中不存在，用 NaN 填充。<br>'right'：按右表的键值进行合并，保持右表的键值顺序，如果右表的键值在左表中不存在，用 NaN 填充。<br>'inner'：以左表、右表的键值的交集进行合并，保持左表的键值顺序。<br>'outer'：以左表、右表的键值的并集进行合并，按字典顺序对键值重新排序 |
| 4 | on | 指定用于连接的列标签，即左表、右表合并的键值，必须是值可唯一标识一行数据的列标签。如果未指定，则以两表交集的列标签作为连接键值 |

## 4.2.1 左连接

左连接是在对两张表进行主键合并操作时，按左表的键值进行合并，保持左表的键值的顺序，如果左表的键值在右表中不存在，用 NaN 填充。左连接通过设置 merge()方法的参数 how='left'来实现。例如，已知用户的基本信息表和消费信息表可以表示为 pandas 的 DataFrame 对象 df1 和 df2，如图 4.2.1 所示。

df1

| id | gender |
|---|---|
| 1 | 男 |
| 2 | 男 |
| 3 | 男 |
| 4 | 女 |

df2

| id | payment |
|---|---|
| 4 | 200 |
| 2 | 100 |
| 5 | 300 |

图 4.2.1 用户的基本信息表（df1）和消费信息表（df2）

左连接合并 df1 和 df2 的代码如下所示。

```
import pandas as pd
df1=pd.DataFrame({'id':[1,2,3,4],'gender':['男','男','男','女']},columns=
['id','gender'])
df2=pd.DataFrame({'id':[4,2,5],'payment':[200,100,300]},columns=['id',
'payment'])
cont = pd.merge(df1,df2,how='left',on='id')
cont
```

其中，第 2 行代码调用 pandas 的 DataFrame()构造方法创建对象 df1。

第 3 行代码调用 pandas 的 DataFrame()构造方法创建对象 df2，为避免列标签按照字典顺序排列，这里通过 columns 参数指定列标签的位置。

第 4 行代码调用 pandas 的 merge()方法，并设置参数 how='left'，对 df1 和 df2 进行左连接，并设置键为'id'。df1 和 df2 进行左连接的匹配过程如图 4.2.2 所示。

执行第 5 行代码，cont 的输出结果如图 4.2.3 所示。

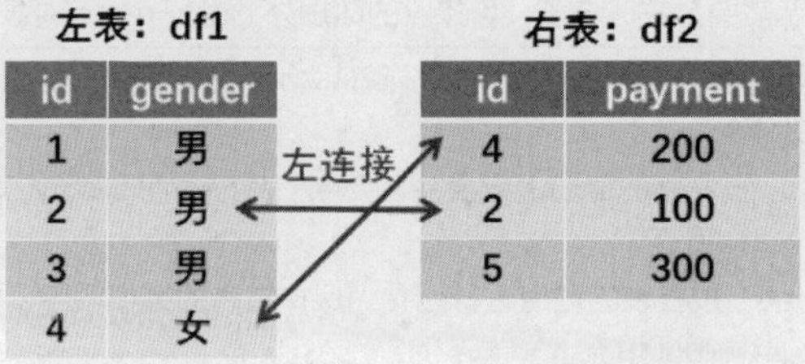


图 4.2.2　df1 和 df2 进行左连接的匹配过程

[5]:

| | id | gender | payment |
|---|---|---|---|
| **0** | 1 | 男 | NaN |
| **1** | 2 | 男 | 100.0 |
| **2** | 3 | 男 | NaN |
| **3** | 4 | 女 | 200.0 |

图 4.2.3　df1 和 df2 左连接的结果

从图 4.2.2 可以看出，左连接以左表的所有键值为基准进行连接。因为右表中 id=5 不在左表中，故不会进行连接。从图 4.2.3 的结果可以看出，右表中的 payment 列在合并时，和左表中的 id=1 和 id=3 没有匹配值，所以左连接合并以后用缺失值 NaN 填充。

## 4.2.2　右连接

右连接是在对左表、右表进行主键合并操作时，按右表的键值进行合并，保持右表的键值的顺序，如果右表的键值在左表中不存在，用 NaN 填充。右连接通过设置 merge()方法的参数 how='right' 来实现。

继续使用图 4.2.1 中 df1 和 df2 的结构，接着上面的代码，右连接合并 df1 和 df2 的代码如下所示。

```
06  cont = pd.merge(df1,df2,how='right',on='id')
07  cont
```

和上面第 4 行代码用法相似，第 6 行代码只修改了参数 how 的值，设置参数 how='right'。df1 和 df2 进行右连接的匹配过程如图 4.2.4 所示。执行第 7 行代码，cont 的输出结果如图 4.2.5 所示。

从图 4.2.4 可以看出，右连接以右表的所有键值为基准进行连接。因为左表中 id=1 和 id=3 不在右表中，故不会进行连接。从图 4.2.5 的结果可以看出，左表中的 gender 列在合并时，和右表中的 id=5 没有匹配值，所以右连接合并以后用缺失值 NaN 填充。

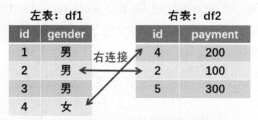

图 4.2.4　df1 和 df2 进行右连接的匹配过程

| [7]: | | id | gender | payment |
|---|---|---|---|---|
| **0** | | 4 | 女 | 200 |
| **1** | | 2 | 男 | 100 |
| **2** | | 5 | NaN | 300 |

图 4.2.5　df1 和 df2 右连接的结果

### 4.2.3　内连接

　　内连接是在对左表、右表进行主键合并操作时，以左表、右表的键值的交集进行合并，并保持左表的键值的顺序。内连接通过设置 merge()方法的参数 how='inner'来实现。

　　继续使用图 4.2.1 中 df1 和 df2 的结构，接着上面的代码，内连接合并 df1 和 df2 的代码如下所示。

```
08    cont = pd.merge(df1,df2,how='inner',on='id')
09    cont
```

　　第 8 行代码只修改 how 参数为 how ='inner'，表示进行内连接操作。进行内连接的匹配过程如图 4.2.6 所示。执行第 9 行代码，cont 的输出结果如图 4.2.7 所示。

**左表：df1**

| id | gender |
|---|---|
| 1 | 男 |
| 2 | 男 |
| 3 | 男 |
| 4 | 女 |

内连接

**右表：df2**

| id | payment |
|---|---|
| 4 | 200 |
| 2 | 100 |
| 5 | 300 |

图 4.2.6　df1 和 df2 进行内连接的匹配过程

| [9]: | | id | gender | payment |
|---|---|---|---|---|
| **0** | | 2 | 男 | 100 |
| **1** | | 4 | 女 | 200 |

图 4.2.7　df1 和 df2 内连接的结果

从图 4.2.6 可以看出，df1 和 df2 的键（id）值的交集={2,4}，所以内连接时以左表、右表的键值 id=2 和 id=4 为基准进行连接，而 id=1、3、5 的数据则不进行连接。从图 4.2.7 的结果可以看出，合并结果以左表的键值顺序输出。

### 4.2.4 外连接

外连接是在对左表、右表进行主键合并操作时，以左表、右表的键值的并集进行合并，按字典顺序对键值重新排序。外连接通过设置 merge()方法的参数 how='outer'来实现。

继续使用图 4.2.1 中 df1 和 df2 的结构，接着上面的代码，外连接合并 df1 和 df2 的代码如下所示。

```
10  cont = pd.merge(df1,df2,how='outer',on='id')
11  cont
```

第 10 行代码只将 how 参数修改为 how ='outer'，表示进行外连接操作。进行外连接的匹配过程如图 4.2.8 所示。

执行第 11 行代码，cont 的输出结果如图 4.2.9 所示。

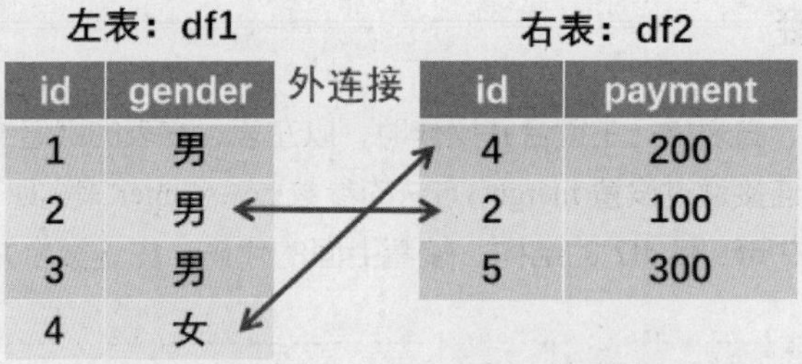


图 4.2.8　df1 和 df2 进行外连接的匹配过程

[11]:

| | id | gender | payment |
|---|---|---|---|
| **0** | 1 | 男 | NaN |
| **1** | 2 | 男 | 100.0 |
| **2** | 3 | 男 | NaN |
| **3** | 4 | 女 | 200.0 |
| **4** | 5 | NaN | 300.0 |

图 4.2.9　df1 和 df2 外连接的结果

从图 4.2.8 可以看出，df1 和 df2 的键值的并集={1,2,3,4,5}，所以外连接时将左表、右表的全部键值进行连接。从图 4.2.9 的结果可以看出，左表中的 gender 列在合并时，和右表中的 id=5 没有匹配值，所以外连接后用缺失值 NaN 填充。右表的 payment 列在合并时，和左表中的 id=1 和 id=3 没有匹配值，所以外连接后也用缺失值 NaN 填充。合并结果按字典顺序（这里为 1、2、3、4、5）对键值重新排序。

### 任务实践 4-2：合并成绩表

微课视频

本学期开设了 Java 方向（Java、Web 开发）和 Python 方向（Python、爬虫技术）的模块课程，已知某宿舍 4 名同学小明、小王、小李和小赵参加了选课。其中，选择了 Java 方向课程的同学有小明、小王和小赵，选择了 Python 方向课程的同学有小明、小李和小赵。参加期末考试以后，Java 方向课程的成绩如表 4.2.2 所示，Python 方向课程的成绩如表 4.2.3 所示。

**表 4.2.2　Java 方向课程的成绩**

| 学号 | 姓名 | Java | Web 开发 |
|---|---|---|---|
| 1 | 小明 | 88 | 92 |
| 2 | 小王 | 90 | 85 |
| 4 | 小赵 | 86 | 83 |

**表 4.2.3　Python 方向课程的成绩**

| 学号 | 姓名 | Python | 爬虫技术 |
|---|---|---|---|
| 1 | 小明 | 91 | 88 |
| 3 | 小李 | 92 | 90 |
| 4 | 小赵 | 88 | 85 |

利用数据合并完成下面的任务。

① 统计出既选了 Java 方向课程，又选了 Python 方向课程的同学的所有课程成绩。

② 统计出选了 Java 方向课程的同学的所有课程成绩。

③ 统计出选了 Python 方向课程的同学的所有课程成绩。

④ 统计出小明宿舍同学所有课程的成绩。

完成以上 4 个任务的代码如下所示。

```
01   import pandas as pd
02   df_stu = pd.DataFrame({
                   'id' : [1,2,3,4],
                   'name': ['小明','小王','小李','小赵'],
     })
03   df_stu
04   df_java = pd.DataFrame({
                   'id':[1,2,4],
                   'Java':[88,90,86],
                   'Web开发':[92,85,83],
                   })
05   df_java
06   df_python = pd.DataFrame({
                   'id':[1,3,4],
                   'Python':[91,92,88],
                   '爬虫技术':[88,90,85],
                   })
07   df_python
08   df_jp = pd.merge(df_java,df_python,how='inner',on='id')   #完成任务实践 4-2
     的①
```

```
09    df_jp
10    df_stu_jp = pd.merge(df_stu,df_jp) #默认为内连接，求交集
11    df_stu_jp
12    df_java_all = pd.merge(df_java,df_python,how='left',on='id')    #完成任务实
      践 4-2 的②
13    df_java_all
14    df_python_all = pd.merge(df_java,df_python,how='right',on='id')    #完成任务
      实践 4-2 的③
15    df_python_all
16    df_all = pd.merge(df_java,df_python,how='outer',on='id')    #完成任务实践 4-2
      的④
17    df_all
```

第 2 行代码通过字典创建了一个 DataFrame 对象 df_stu，列标签为学号（id）和学生姓名(name)。
第 3 行代码查看 df_stu 的数据，输出结果如图 4.2.10 所示。

| [3]: | id | name |
|------|-----|------|
| **0** | 1 | 小明 |
| **1** | 2 | 小王 |
| **2** | 3 | 小李 |
| **3** | 4 | 小赵 |

图 4.2.10　df_stu 的数据

第 4 行代码通过字典创建了一个 DataFrame 对象 df_java，用于保存各同学 Java 方向课程的成绩。
第 5 行代码查看 df_java 的数据，输出结果如图 4.2.11 所示。
第 6 行代码通过字典创建了一个 DataFrame 对象 df_python，用于保存各同学 Python 方向课程的成绩表。
第 7 行代码查看 df_python 的数据，输出结果如图 4.2.12 所示。

| [5]: | id | Java | Web开发 |
|------|-----|------|---------|
| **0** | 1 | 88 | 92 |
| **1** | 2 | 90 | 85 |
| **2** | 4 | 86 | 83 |

图 4.2.11　df_java 的数据

| [7]: | id | Python | 爬虫技术 |
|------|-----|--------|---------|
| **0** | 1 | 91 | 88 |
| **1** | 3 | 92 | 90 |
| **2** | 4 | 88 | 85 |

图 4.2.12　df_python 的数据

任务实践 4-2 的①要求统计出既选了 Java 方向课程，又选了 Python 方向课程的同学的所有课程成绩，就是统计同时出现在 df_java 和 df_python 中的同学的成绩，并且把两张表中对应的行合并到一起。第 8 行代码按 df_java 的 id 键值，对 df_java 和 df_python 进行主键合并的内连接操作，通过 DataFrame 对象 df_jp 保存。第 9 行代码查看 df_jp 的数据，输出结果如图 4.2.13 所示。

| [9]: | id | Java | Web开发 | Python | 爬虫技术 |
|---|---|---|---|---|---|
| **0** | 1 | 88 | 92 | 91 | 88 |
| **1** | 4 | 86 | 83 | 88 | 85 |

图 4.2.13　df_jp 的数据

还可以把 df_stu 和 df_jp 的数据合并，从而增加表中的姓名信息。第 10 行代码按 id 键值合并 df_stu 和 df_jp 的数据，默认是内连接，求交集，并将结果保存到 DataFrame 对象 df_stu_jp 中。

第 11 行代码查看 df_stu_jp 的数据，输出结果如图 4.2.14 所示。

| [11]: | id | name | Java | Web开发 | Python | 爬虫技术 |
|---|---|---|---|---|---|---|
| **0** | 1 | 小明 | 88 | 92 | 91 | 88 |
| **1** | 4 | 小赵 | 86 | 83 | 88 | 85 |

图 4.2.14　df_stu_jp 的数据

从图 4.2.14 可以看出，小明和小赵同学既选择了 Java 方向的课程，又选择了 Python 方向的课程。

任务实践 4-2 的②要求统计出选了 Java 方向课程的同学的所有课程成绩，即按 df_java 的 id 键值，对 df_java 和 df_python 的数据进行主键合并的左连接操作，如第 12 行代码所示，并将结果保存到 DataFrame 对象 df_java_all 中。

第 13 行代码查看 df_java_all 的数据，输出结果如图 4.2.15 所示。

| [13]: | id | Java | Web开发 | Python | 爬虫技术 |
|---|---|---|---|---|---|
| **0** | 1 | 88 | 92 | 91.0 | 88.0 |
| **1** | 2 | 90 | 85 | NaN | NaN |
| **2** | 4 | 86 | 83 | 88.0 | 85.0 |

图 4.2.15　df_java_all 的数据

同理，任务实践 4-2 的③要求统计出选了 Python 方向课程的同学的所有课程成绩，即按 df_python 的 id 键值，对 df_java 和 df_python 的数据进行主键合并的右连接操作，如第 14 行代码所示，并将结果保存到 DataFrame 对象 df_python_all 中。

第 15 行代码查看 df_python_all 的数据，输出结果如图 4.2.16 所示。

| [15]: | id | Java | Web开发 | Python | 爬虫技术 |
|---|---|---|---|---|---|
| **0** | 1 | 88.0 | 92.0 | 91 | 88 |
| **1** | 3 | NaN | NaN | 92 | 90 |
| **2** | 4 | 86.0 | 83.0 | 88 | 85 |

图 4.2.16　df_python_all 的数据

任务实践 4-2 的④要求统计出小明宿舍同学所有课程的成绩，即获得 df_java 和 df_python 的数据的并集。

第 16 行代码，按 df_python 的 id 键值，对 df_java 和 df_python 的数据进行主键合并的外连接操作，并将结果保存到 DataFrame 对象 df_all 中。

第 17 行代码查看 df_all 的数据，输出结果如图 4.2.17 所示。

| [17]: | id | Java | Web开发 | Python | 爬虫技术 |
|---|---|---|---|---|---|
| **0** | 1 | 88.0 | 92.0 | 91.0 | 88.0 |
| **1** | 2 | 90.0 | 85.0 | NaN | NaN |
| **2** | 4 | 86.0 | 83.0 | 88.0 | 85.0 |
| **3** | 3 | NaN | NaN | 92.0 | 90.0 |

图 4.2.17　df_all 的数据

# 4.3　重叠合并数据

微课视频

数据处理的过程中偶尔会出现同样一份数据存储在两张表中的情况。分别查看这两张表的数据，发现每张表的数据都不完整，都存在数据缺失的情况。但是，如果将其中一张表的数据补充进另外一张表中，生成的新表则有相对完整的数据。用一张表的数据来填充另一张表的缺失数据的方法就叫重叠合并。重叠合并数据的功能通过 pandas 提供的 combine_first() 方法完成，语法格式如下所示。

```
obj1.combine_first(obj2)
```

obj1 和 obj2 是要合并的数据对象，一般是 Series 或 DataFrame 对象。执行这条语句，以 obj1 和 obj2 的行/列标签的并集为新的行/列标签，用 obj2 的数据填充 obj1 的缺失数据。例如，已知 pandas 的 DataFrame 对象 df1 和 df2 的结构，如图 4.3.1 所示。

左表：df1

| | id | gender | payment |
|---|---|---|---|
| 0 | 1 | 男 | 100 |
| 1 | 2 | 男 | NaN |
| 2 | 3 | NaN | 50 |
| 3 | 4 | 女 | 200 |

右表：df2

| | id | gender | payment |
|---|---|---|---|
| 0 | 1 | NaN | 100 |
| 1 | 2 | 男 | 200 |
| 2 | 3 | 女 | 50 |

图 4.3.1　df1 和 df2 的结构

重叠合并 df1 和 df2 的代码如下所示。

```
01  import pandas as pd
02  import numpy as np
03  df1=pd.DataFrame({'id':[1,2,3,4], 'gender':['男','男',np.nan,'女'],
    'payment':[100,np.nan,50,200]})
04  df2=pd.DataFrame({'id':[1,2,3], 'gender':[np.nan,'男','女'],
    'payment':[100,200,50]})
05  result = df1.combine_first(df2)
06  result
```

第 2 行代码导入 numpy 库，缺失值可以用 np.nan 表示。

第 3 行代码调用 pandas 的 DataFrame() 构造方法创建对象 df1。

第 4 行代码调用 pandas 的 DataFrame()构造方法创建对象 df2。

在第 5 行代码中，df1 调用 pandas 的 combine_first()方法，传递参数为 df2，以 df1 和 df2 的行/列标签的并集为基准，用 df2 的数据填充 df1 的缺失数据。执行第 6 行代码，result 的输出结果如图 4.3.2 所示。

| [6]: | id | gender | payment |
|---|---|---|---|
| 0 | 1 | 男 | 100.0 |
| 1 | 2 | 男 | 200.0 |
| 2 | 3 | 女 | 50.0 |
| 3 | 4 | 女 | 200.0 |

图 4.3.2 df1 和 df2 重叠合并的结果

## 任务实践 4-3：修补统计数据

微课视频

某班级要统计学生的基本信息，将两次收集的所有学生信息保存到文件"data/t1.xls"和"data/t2.xls"中，两张表的信息都不完整。现在，要求通过数据合并补全信息，获得信息完整的数据表。

修补统计数据的代码如下所示。

```
01    import pandas as pd
02    df1=pd.read_excel(data/'t1.xls')        #读取文件"t1.xls"
03    df1.head()
04    df1.isnull().any()                      #查看 df1 每一列是否存在空值
05    df2=pd.read_excel('data/t2.xls')        #读取文件"t2.xls"
06    df2.head()
07    df2.isnull().any()                      #查看 df2 每一列是否存在空值
08    df3 = df1.combine_first(df2)     #修补数据
09    df3.isnull().any()                      #查看 df3 每一列是否存在空值
10    df3.to_excel('data/t3.xls')            #将 df3 的内容写入文件"t3.xls"
```

第 2 行代码调用 pandas 的 read_excel()方法读取文件"t1.xls"，并将结果保存到 DataFrame 对象 df1 中。

第 3 行代码调用 head()方法，默认显示 df1 的前 5 行数据，如图 4.3.3 所示。

| [3]: | 学号 | 年龄 | 性别 | 籍贯 |
|---|---|---|---|---|
| 0 | 202101 | 19.0 | 男 | 江门 |
| 1 | 202102 | 19.0 | 男 | 佛山 |
| 2 | 202103 | 18.0 | 男 | 茂名 |
| 3 | 202104 | NaN | 男 | 汕尾 |
| 4 | 202105 | 20.0 | 男 | 揭阳 |

图 4.3.3 df1 的前 5 行数据

第 4 行代码查看 df1 每一列是否存在空值，True 表示存在空值，False 表示不存在空值，如图 4.3.4 所示。由此可见，除了学号列，df1 的每一列都存在空值。

```
[4]:  学号      False
      年龄      True
      性别      True
      籍贯      True
      dtype: bool
```

图 4.3.4　查看 df1 每一列是否存在空值

同理，第 5 行代码调用 pandas 的 read_excel()方法读取文件"t2.xls"，并将结果保存到 DataFrame 对象 df2 中。

第 6 行代码调用 head()方法，默认显示 df2 的前 5 行数据，如图 4.3.5 所示。

第 7 行代码查看 df2 每一列是否存在空值，True 表示存在空值，False 表示不存在空值，如图 4.3.6 所示。由此可见，除了学号列，df2 的每一列都存在空值。

```
[6]:      学号      年龄   性别   籍贯

      0   202101   19.0   男    江门

      1   202102   19.0   NaN   NaN

      2   202103   18.0   男    茂名

      3   202104   19.0   男    汕尾

      4   202105   20.0   男    揭阳
```

图 4.3.5　df2 的前 5 行数据

```
[7]:  学号      False
      年龄      True
      性别      True
      籍贯      True
      dtype: bool
```

图 4.3.6　查看 df2 每一列是否存在空值

在第 8 行代码中，df1 调用 pandas 的 combine_first()方法，传递参数为 df2，即用 df2 的数据填充 df1 的缺失数据。

第 9 行代码查看 df3 每一列是否存在空值，输出结果如图 4.3.7 所示，表示 df3 中没有空值了。

第 10 行代码调用 pandas 的 to_excel()方法，将 df3 的数据写入文件"t3.xls"。

```
[9]:  学号      False
      年龄      False
      性别      False
      籍贯      False
      dtype: bool
```

图 4.3.7　查看 df3 每一列是否存在空值

# 4.4　总结

本单元介绍了利用 pandas 的方法完成数据合并的基本操作。数据往往存储在多张表中，为了便于进行数据分析，通过数据合并，可以将关联的数据信息存入一张表中。数据合并包括 3 种操作：堆叠合并数据、主键合并数据和重叠合并数据。

本单元知识点的思维导图如下所示。

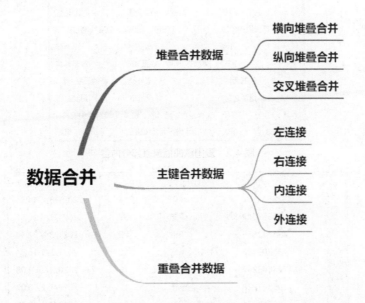

拓展实训：合并网易云音乐爱国歌曲数据

已知网易云音乐的一部分用户信息表(data/users.csv，部分内容如图 4.1 所示)、爱国歌曲信息表 (data/songs.csv，部分内容如图 4.2 所示)和用户听爱国歌曲的记录表(data/records.csv，部分内容如 图 4.3 所示)。利用数据合并操作，按评论时间统计出前 5 个用户爱听的歌曲名和演唱者。

| | 用户id | 城市 | 生日 |
|---|---|---|---|
| 1 | 3326614592 | 上海市 | 1990/1/20 |
| 2 | 323595640 | 安徽省合肥市 | 2000/4/24 |
| 3 | 495142555 | 重庆市 | 2000/8/20 |
| 4 | 481299452 | 福建省龙岩市 | 2004/8/11 |
| 5 | 1744843207 | 福建省厦门市 | 2003/8/25 |
| 6 | 1705357228 | 云南省昆明市 | 2002/1/19 |
| 7 | 42311874 | 北京市 | 1987/2/6 |
| 8 | 607619177 | 云南省昆明市 | 2002/2/15 |
| 9 | 123192832 | 山西省晋中市 | 1998/4/3 |
| 10 | 273970725 | 福建省漳州市 | 2001/8/18 |

图 4.1　用户信息表部分内容

| | 歌曲名 | 歌手 | 所属专辑 |
|---|---|---|---|
| 1 | 承诺 | ['褚海辰', '皓天'] | 承诺 |
| 2 | 生命之春 | ['张齐', '王益洲', '崔爽'... | 生命之春 |
| 3 | 共筑中国梦 | ['殷秀梅', '戴玉强'] | 时代·记忆 |
| 4 | 灯火里的中国 | ['张也', '周深'] | 2021年中央广... |
| 5 | 万疆 | ['李玉刚'] | 万疆 |
| 6 | 脱贫宣言 | ['成龙', '孙楠', '沙宝亮'... | 脱贫宣言 |
| 7 | 新的天地 | ['孙楠'] | 新的天地 (舒... |
| 8 | 追梦之路 | ['谭维维'] | 追梦之路 |
| 9 | 百年 | ['廖昌永', '阿云嘎', '蔡... | 2021年中央广... |
| 10 | 祖国 | ['南征北战NZBZ'] | 祖国 |

图 4.2　爱国歌曲信息表部分内容

| | 用户id | 歌曲名 | 点赞数 | 评论时间 |
|---|---|---|---|---|
| 1 | 3326614592 | 承诺 | 211 | 2021/3/4 14:55 |
| 2 | 323595640 | 承诺 | 127 | 2021/3/4 16:51 |
| 3 | 495142555 | 承诺 | 22 | 2021/3/4 22:34 |
| 4 | 481299452 | 承诺 | 10 | 2021/3/5 16:34 |
| 5 | 1744843207 | 生命之春 | 10 | 2020/2/14 9:08 |
| 6 | 1705357228 | 四十年 | 17 | 2019/7/22 0:07 |
| 7 | 42311874 | 共筑中国梦 | 696 | 2019/3/9 22:36 |
| 8 | 607619177 | 共筑中国梦 | 333 | 2019/5/29 19:17 |
| 9 | 123192832 | 共筑中国梦 | 95 | 2020/7/19 14:34 |
| 10 | 273970725 | 共筑中国梦 | 63 | 2019/12/8 13:35 |

图 4.3　用户听爱国歌曲的记录表部分内容

任务解析：

（1）需要合并用户信息表、爱国歌曲信息表和用户听爱国歌曲的记录表，获得包含用户、歌曲和用户听歌记录的完整信息的数据表；

（2）对包含完整信息的数据表按评论时间排序，统计出前 5 个用户爱听的歌曲名和演唱者。

## 课后习题

**一、填空题**

1. 数据合并包括 3 种操作：（　　　　　　）、（　　　　　　）和（　　　　　　）。

2. 按照合并的方向，堆叠合并可以分为（　　　　　　）、（　　　　　　）和（　　　　　　）。

3. 根据合并方式的不同，主键合并可以分为（　　　　　　）、（　　　　　　）、（　　　　　　）和（　　　　　　）。

**二、判断题**

1. 纵向堆叠合并是按列对齐的，如果表的列数不同，则缺失的数据用 0 填充。（　　　）

2. 调用 pandas 的 concat()方法进行堆叠合并时，axis=1 表示横向堆叠合并。（　　　）

3. 主键合并操作中的键值是指数据表中值可唯一标识一行数据的列标签，类似于关系数据库中表的主键。（　　　）

4. 左连接是在对两张表进行主键合并操作时，按左表的键值进行合并，保持左表的键值顺序，如果左表的键值在右表中不存在，用 NaN 填充。（　　）

5. 内连接是在对左表、右表进行主键合并操作时，以左表、右表的键值的并集进行合并，并保持左表的键值顺序。（　　）

6. 用一张表的数据来填充另一张表的缺失数据的方法就叫交叉合并。（　　）

## 三、单选题

1. 堆叠合并操作可以通过 pandas 的（　　）方法完成。

    A．append()　　　　B．concat()　　　　　C．drop()　　　　　D．insert()

2. 下面关于交叉堆叠合并的说法正确的是（　　）。

    A．交叉堆叠合并操作是在 concat() 方法中设置 join 参数实现的

    B．如果 join='inner'，合并后得到两表的交集；如果 join='outer'，合并后得到两表的并集

    C．合并后，缺失的数据仍然用 NaN 填充

    D．以上的说法都正确

3. 主键合并可以通过 pandas 的（　　）方法完成。

    A．merge()　　　　B．concat()　　　　　C．append()　　　　D．insert()

4. 重叠合并数据的功能通过 pandas 中提供的（　　）方法完成。

    A．insert()　　　　　B．concat()　　　　　C．combine_first()　　D．merge()

5. 已知 df1 的数据和 df2 的数据，如图 4.4 所示。能得到图 4.5 所示的合并结果的语句是（　　）。

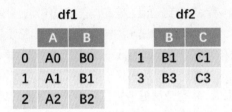 

图 4.4　df1 和 df2 的数据　　　　图 4.5　df1 和 df2 的合并结果

    A．pd.merge([df1,df2],axis=0,join='inner')

    B．pd.merge([df1,df2],axis=1,join='inner')

    C．pd.concat([df1,df2],axis=0,join='inner')

    D．pd.concat([df1,df2],axis=1,join='inner')

## 四、编程题

已知某公司新产品在全国的用户使用数量（data/nums.csv）和 2020 年人口普查中各省、直辖市、自治区的人口总量（data/population.csv），计算用户占比（用户使用数量/各省人口总量），预测在哪些省开展向新用户推广该产品的活动的价值最高。

# 单元 5

## 数据清洗

### 学习目标

◇ 掌握缺失值处理的原理和方法
◇ 掌握重复值处理的原理和方法
◇ 掌握异常值处理的原理和方法
◇ 掌握格式不一致数据处理的原理和方法

海纳百川，有容乃大；壁立千仞，无欲则刚。

——林则徐

这一联语为民族英雄林则徐在任两广总督期间悬于府衙内的自勉联。二句集古人语而成，言简旨丰。上联以海洋汇聚容纳千百河流，因而成就它的浩瀚博大，告诫自己要有涵养气度，广收博采不同意见。下联以悬崖绝壁耸立千丈而不倾不斜，无私无偏，砥砺自己刚直不阿，杜绝私欲。上联、下联以自然现象"海纳百川""壁立千仞"为喻，既赞美山河之雄伟挺拔、广阔深厚，又两联互文。

数据清洗是从数据集中检测和纠正损坏或记录不准确的数据的过程。通过数据清洗，可以识别数据中不完整、不正确、不准确或不相关的部分，然后替换、修改或删除"脏"的或"粗糙"的数据。数据清洗的目的在于提高数据质量，是整个数据分析过程中非常重要的环节。pandas中常见的数据清洗操作有缺失值处理、重复值处理、异常值处理和不一致数据的处理等。

## 5.1 缺失值处理

微课视频

数据集中可能存在某个或某些属性的值不完整的情况，这种值就被称为缺失值。缺失值处理分为查看缺失值和处理缺失值两个步骤。

### 5.1.1 查看缺失值

在 pandas 中，缺失值一般用 NaN 表示。pandas 提供了 isnull()方法和 notnull()方法判断缺失值。pandas 的 DataFrame 对象可以直接调用 isnull()方法，存在缺失值（NaN）返回 True，不存在缺失值返回 False。notnull()方法和 isnull()方法的功能相反，存在缺失值（NaN）返回 False，不存在缺失值返回 True。

例如，有一个豆瓣电影的评分数据集（data/movies.xls），首先读取数据，再查看其中的缺失值，代码如下所示。

```
01    import pandas as pd
02    df = pd.read_excel('data/movies.xls')
03    df
04    df.isnull()
```

其中，第 2 行代码调用 pandas 的 read_excel()方法读取豆瓣电影的评分数据集，文件存放在 data 目录下，文件名为 "movies.xls"，该方法的返回值为 DataFrame 对象 df。

执行第 3 行代码，df 的输出结果如图 5.1.1 所示。

图 5.1.1　df 的输出结果

执行第 4 行代码，df.isnull()的输出结果如图 5.1.2 所示。

图 5.1.2　df.isnull()的输出结果

从图 5.1.1 可以看出，数据集中有 4 个缺失值，分别是电影《红海行动》的主演、《流浪地球》的主演和评分、《中国机长》的主演，这 4 个缺失值都用 NaN 表示。从图 5.1.2 可以看出，在 df.isnull()中，对应的缺失值输出 True，非缺失值输出 False。

### 5.1.2　处理缺失值

对缺失值的处理一般是删除或者填充。pandas 提供了相应的删除或填充缺失值的方法。

**1. 删除缺失值**

pandas 的 Series 或者 DataFrame 对象直接调用 dropna()方法，就可以删除缺失值。dropna()方法的常用参数说明如表 5.1.1 所示。

表 5.1.1　dropna()方法的常用参数说明

| 序号 | 参数 | 说明 |
| --- | --- | --- |
| 1 | axis | 维度，axis=0 表示行，axis=1 表示列，默认为 0 |
| 2 | how | how='all'表示这一行或列中的元素全部缺失（为 NaN）才删除这一行或列；how='any'表示这一行或列中只要有元素缺失，就删除这一行或列 |

| 序号 | 参数 | 说明 |
|---|---|---|
| 3 | thresh | 非缺失值的数量标准，只有达到这个标准的行/列才不会被删除 |
| 4 | subset | 在某些行/列的子集中选择出现了缺失值的行/列并删除，不在子集中的含有缺失值的行/列不会被删除（由 axis 决定是行还是列） |
| 5 | inplace | 布尔值，默认为 False，表示删除操作不改变原数据，而是返回一个执行删除操作后的新对象。若指定为 True，则直接对原数据进行删除操作 |

接着上面的示例，对于豆瓣电影的评分数据集 df，删除缺失值的代码如下所示。

```
05   df.dropna()          #删除 df 中有缺失值的所有行
06   df.dropna(axis=1)    #删除 df 中有缺失值的所有列
07   df.dropna(how='all')    #默认删除行，删除 df 中所有值均为缺失值的行
08   df.dropna(thresh=3)     #默认删除行，1 行至少有 3 个非缺失值才不被删除
09   df.dropna(subset=['评分'])   #默认删除行，'评分'列中包含缺失值的行被删除
10   df.dropna(axis=1,subset=[0])   #默认删除列，第 1 行中包含缺失值的列被删除
```

第 5 行代码删除包含缺失值的所有行，执行结果如图 5.1.3 所示。除了电影《战狼 2》的数据，其他电影的数据都包含缺失值，所以都被删除。

| [5]: | 电影 | 年份 | 主演 | 评分 |
|---|---|---|---|---|
| **1** | 战狼2 | 2017 | 吴京 | 7.1 |

图 5.1.3　删除 df 中有缺失值的所有行

第 6 行代码删除包含缺失值的所有列，执行结果如图 5.1.4 所示。除了'电影'和'年份'列以外，其他列都包含缺失值，所以都被删除。

| [6]: | 电影 | 年份 |
|---|---|---|
| **0** | 红海行动 | 2018 |
| **1** | 战狼2 | 2017 |
| **2** | 流浪地球 | 2019 |
| **3** | 中国机长 | 2019 |

图 5.1.4　删除 df 中有缺失值的所有列

第 7 行代码默认删除行，how='all'表示删除所有值均为缺失值的行，执行结果如图 5.1.5 所示。因为没有哪一行数据全部都是缺失值，所以数据保持不变。

| [7]: | 电影 | 年份 | 主演 | 评分 |
|---|---|---|---|---|
| **0** | 红海行动 | 2018 | NaN | 8.3 |
| **1** | 战狼2 | 2017 | 吴京 | 7.1 |
| **2** | 流浪地球 | 2019 | NaN | NaN |
| **3** | 中国机长 | 2019 | NaN | 6.7 |

图 5.1.5　删除 df 中所有值均为缺失值的行

第 8 行代码默认删除行，1 行至少有 3 个非缺失值才不会被删除，执行结果如图 5.1.6 所示。电影《流浪地球》的数据中只有两个非缺失值，所以这一行电影数据被删除。由此可见，使用 thresh 参数，可以删除包含缺失值较多的行数据。

| [8]: | | 电影 | 年份 | 主演 | 评分 |
|---|---|---|---|---|---|
| | 0 | 红海行动 | 2018 | NaN | 8.3 |
| | 1 | 战狼2 | 2017 | 吴京 | 7.1 |
| | 3 | 中国机长 | 2019 | NaN | 6.7 |

图 5.1.6　删除 df 中非缺失值少于 3 个的行

第 9 行代码默认删除行，'评分'列中包含缺失值的行被删除，执行结果如图 5.1.7 所示。电影《流浪地球》的评分是缺失值，所以这行电影数据被删除。

| [9]: | | 电影 | 年份 | 主演 | 评分 |
|---|---|---|---|---|---|
| | 0 | 红海行动 | 2018 | NaN | 8.3 |
| | 1 | 战狼2 | 2017 | 吴京 | 7.1 |
| | 3 | 中国机长 | 2019 | NaN | 6.7 |

图 5.1.7　删除 df '评分'列中包含缺失值的行

第 10 行代码默认删除列，第 1 行数据包含缺失值的列被删除，执行结果如图 5.1.8 所示。第 1 行数据中，电影《红海行动》的主演是缺失值，所以'主演'这列数据被删除。

| [10]: | | 电影 | 年份 | 评分 |
|---|---|---|---|---|
| | 0 | 红海行动 | 2018 | 8.3 |
| | 1 | 战狼2 | 2017 | 7.1 |
| | 2 | 流浪地球 | 2019 | NaN |
| | 3 | 中国机长 | 2019 | 6.7 |

图 5.1.8　删除 df 第 1 行中包含缺失值的列

## 2. 填充缺失值

pandas 的 Series 或者 DataFrame 对象直接调用 fillna()方法，就可以填充缺失值。fillna()方法的常用参数说明如表 5.1.2 所示。

表 5.1.2　fillna()方法的常用参数说明

| 序号 | 参数 | 说明 |
|---|---|---|
| 1 | value | 用于填充缺失值，可以是 0，也可以是字典、Series 对象或者 DataFrame 对象，还可以通过行/列标签为缺失值指定值。不在字典、Series 对象或者 DataFrame 对象中的缺失值将不会被填充。此值不能是列表 |

续表

| 序号 | 参数 | 说明 |
|---|---|---|
| 2 | axis | 维度，axis=0 表示行,axis=1 表示列，默认为 0 |
| 3 | inplace | 布尔值，默认为 False，表示填充操作不改变原数据，而是返回一个执行填充操作后的新对象；若指定为 True，则直接对原数据进行填充 |

接着上面的示例，对于豆瓣电影的评分数据集 df，填充缺失值的代码如下所示。

```
11  df.fillna(0)            #缺失值全部填充为 0
12  df.fillna(value={'评分':7.9},inplace=True)     #用指定的字典填充缺失值
13  df
14  #用指定的 DataFrame 对象填充缺失值
    df.fillna(pd.DataFrame({'主演':['张译','吴京','屈楚萧','张涵予','张涵予']}) ,inplace=True)
15  df
16  df.to_excel('data/movies2.xls',index=False)
```

第 11 行代码用 0 填充所有缺失值，执行结果如图 5.1.9 所示。

| [11]: | | 电影 | 年份 | 主演 | 评分 |
|---|---|---|---|---|---|
| | **0** | 红海行动 | 2018 | 0 | 8.3 |
| | **1** | 战狼2 | 2017 | 吴京 | 7.1 |
| | **2** | 流浪地球 | 2019 | 0 | 0.0 |
| | **3** | 中国机长 | 2019 | 0 | 6.7 |

图 5.1.9　df 中的所有缺失值全部填充为 0

第 12 行代码用字典填充相应的缺失值，inplace=True 表示直接在 df 上填充，第 13 行代码执行结果如图 5.1.10 所示。

| [13]: | | 电影 | 年份 | 主演 | 评分 |
|---|---|---|---|---|---|
| | **0** | 红海行动 | 2018 | NaN | 8.3 |
| | **1** | 战狼2 | 2017 | 吴京 | 7.1 |
| | **2** | 流浪地球 | 2019 | NaN | 7.9 |
| | **3** | 中国机长 | 2019 | NaN | 6.7 |

图 5.1.10　用字典填充相应的缺失值后 df 的输出结果

从图 5.1.10 可以看出，电影《流浪地球》的'评分'被填充为 7.9。由此可见，用字典可以填充单个对应的缺失值。

由于数据集中'主演'的缺失值较多，第 14 行代码用 DataFrame 对象填充'主演'相应的缺失值，inplace=True 表示直接在 df 上填充。

第 15 行代码执行结果如图 5.1.11 所示。

| | 电影 | 年份 | 主演 | 评分 |
|---|---|---|---|---|
| **0** | 红海行动 | 2018 | 张译 | 8.3 |
| **1** | 战狼2 | 2017 | 吴京 | 7.1 |
| **2** | 流浪地球 | 2019 | 屈楚萧 | 7.9 |
| **3** | 中国机长 | 2019 | 张涵予 | 6.7 |

[15]:

图 5.1.11　用 DataFrame 对象填充'主演'的缺失值后 df 的输出结果

从图 5.1.11 可以看出，每部电影中'主演'的缺失值被填充为相应的值。经过上述操作以后，豆瓣电影的评分数据集中的缺失值全部被填充完毕。在处理真实数据集的缺失值时，应根据实际情况灵活处理。

第 16 行代码将处理缺失值后的数据存入 data 目录下的"movies2.xls"文件中。

## 任务实践 5-1：网上招聘数据缺失值处理

微课视频

已知 Python 开发职位的网上招聘数据文件（data/Python 开发职位.csv），清洗该文件的数据，查看是否有缺失值，并进行处理。

任务分析：首先需要读取文件"Python 开发职位.csv"，并将结果保存到一个 DataFrame 对象中；然后通过 isnull()方法查看是否有缺失值，如有则进行删除或者填充操作。

完成任务的代码如下所示。

```
01  import pandas as pd
02  jobs = pd.read_csv('data/Python 开发职位.csv', engine='python')
03  jobs.isnull()    #查看缺失值（显示 True 表示有缺失值）
04  jobs.dropna(axis=1,subset=[6],inplace=True)        #对 jobs 进行操作,删除最后一列
    数据
05  jobs.isnull()
06  jobs.dropna(inplace=True)    #删除包含缺失值的所有行
07  jobs.to_csv('data/Python 开发职位 1.csv',index=False)    #保存到文件"Python 开发
    职位 1.csv"中
```

第 2 行代码读取 data 目录下的网上招聘数据文件"Python 开发职位.csv"，并将其保存为 DataFrame 对象 jobs。

在第 3 行代码中，jobs 调用 isnull()方法查看缺失值，结果如图 5.1.12 所示。从结果可以看出，最后一列大部分数据是缺失值，可以全部删除。公司福利的最后一行为空，也可以考虑删除。

在第 4 行代码中，jobs 调用 dropna()方法进行缺失值的删除操作。其中，axis=1 表示对列操作，subset=[6]表示操作最后一列数据，inplace=True 表示直接对 jobs 进行操作。

第 5 行代码再次查看 jobs 中的缺失值，如图 5.1.13 所示。公司福利的最后一行的值缺失，公司福利也是找工作时需要考虑的条件，这行数据可以考虑全部删除。

[3]:

| | 公司名字 | 职位名字 | 地区 | 发布日期 | 薪资 | 公司福利 | Unnamed: 6 |
|---|---|---|---|---|---|---|---|
| 0 | False | False | False | False | False | False | True |
| 1 | False | False | False | False | False | False | True |
| 2 | False | False | False | False | False | False | True |
| 3 | False | False | False | False | False | False | False |
| 4 | False | False | False | False | False | False | True |
| 5 | False | False | False | False | False | False | True |
| 6 | False | False | False | False | False | False | True |
| 7 | False | False | False | False | False | False | True |
| 8 | False | False | False | False | False | True | True |

图 5.1.12　查看 jobs 中的缺失值

[5]:

| | 公司名字 | 职位名字 | 地区 | 发布日期 | 薪资 | 公司福利 |
|---|---|---|---|---|---|---|
| 0 | False | False | False | False | False | False |
| 1 | False | False | False | False | False | False |
| 2 | False | False | False | False | False | False |
| 3 | False | False | False | False | False | False |
| 4 | False | False | False | False | False | False |
| 5 | False | False | False | False | False | False |
| 6 | False | False | False | False | False | False |
| 7 | False | False | False | False | False | False |
| 8 | False | False | False | False | False | True |

图 5.1.13　删除最后一列后，再次查看 jobs 中的缺失值

第 6 行代码删除包含缺失值的所有行。

第 7 行代码将删除了缺失值的数据重新保存到 data 目录下的文件“Python 开发职位 1.csv”中，index=False 表示不保存原来的行标签。

## 5.2　重复值处理

微课视频

数据集中难免会出现重复值，有些是需要的，有些是不需要的。不需要的重复值会影响数据分析的准确率，所以要进行处理。重复值处理分为查看重复值和处理重复值两个步骤。

### 5.2.1　查看重复值

pandas 提供了 duplicated()方法来查看重复值。pandas 的 Series 或 DataFrame 对象可以直接调用 duplicated()方法，返回 Series 对象，值全部为 True 或 False。duplicated()方法的常用参数说明如表 5.2.1 所示。

表 5.2.1 duplicated()方法的常用参数说明

| 序号 | 参数 | 说明 |
|---|---|---|
| 1 | subset | 设置重复值的列标签，该列标签可以是一个或多个列标签的列表。默认值为 None，表示所有列。传递列标签后，仅将这些重复的列表数据视为重复值 |
| 2 | keep | 确定如何考虑重复值。它只有 3 个不同的值，默认值为'first'。如果为'first'，则将第一个值视为唯一值，并将其余相同的值视为重复值。如果为'last'，则将最后一个值视为唯一值，并将其余相同的值视为重复值。如果为 False，则将所有相同的值都视为重复值 |

例如，已知用户信息集（data/users.txt），首先读取数据，再查看其中的重复值，代码如下所示。

```
01   import pandas as pd
02   df = pd.read_csv('data/users.txt')
03   df
04   df.duplicated()
05   df.duplicated(keep='last')
06   df.duplicated(keep=False)
```

其中，第 2 行代码调用 pandas 的 read_csv()方法读取用户信息集，文件存放在 data 目录下，文件名为"users.txt"，该方法的返回值为 DataFrame 对象 df。

执行第 3 行代码，df 的输出结果如图 5.2.1 所示。

执行第 4 行代码，df.duplicated()的输出结果如图 5.2.2 所示。

图 5.2.1 df 的输出结果

图 5.2.2 df.duplicated()的输出结果

从图 5.2.1 可以看出，第 2 行和第 3 行的值重复，第 6 行和第 7 行的值重复。默认情况下，duplicated()对于每组重复的值，第一个设置为 False，其他重复值均设置为 True。所以，从图 5.2.2 可以看出，第 3 行为 True，第 7 行为 True，表示这两行的值是重复值。

执行第 5 行代码，输出结果如图 5.2.3 所示。通过将 keep 设置为'last'，将每组重复值的最后一个设置为 False，将所有其他重复值设置为 True。所以，df.duplicated(keep='last')的输出结果和图 5.2.2 所示的相反，第 2 行为 True，第 6 行为 True，表示这两行是重复值。

执行第 6 行代码，输出结果如图 5.2.4 所示。将 keep 设置为 False，所有重复值都设置为 True。所以，第 2 行和第 3 行为 True，第 6 行和第 7 行为 True，表示这些都是重复值。

```
[5]:   0    False
       1    True
       2    False
       3    False
       4    False
       5    True
       6    False
       7    False
       dtype: bool
```

```
[6]:   0    False
       1    True
       2    True
       3    False
       4    False
       5    True
       6    True
       7    False
       dtype: bool
```

图 5.2.3　df.duplicated(keep='last')的输出结果　　　　图 5.2.4　df.duplicated(keep=False)的输出结果

## 5.2.2　处理重复值

pandas 提供了 drop_duplicates()方法来删除重复值，pandas 的 Series 或 DataFrame 对象可以直接调用该方法。drop_duplicates()方法的常用参数说明如表 5.2.2 所示。

表 5.2.2　drop_duplicates()方法的常用参数说明

| 序号 | 参数 | 说明 |
|---|---|---|
| 1 | subset | 设置重复值的列标签，该列标签可以是一个或多个列标签的列表，默认值为 None，表示所有列。传递列标签后，仅将这些重复的列数据视为重复值 |
| 2 | keep | 确定要保留的重复值（如果有），取值如下。<br>'first': 保留第一次出现的重复值，默认值。<br>'last': 保留最后一次出现的重复值。<br>False: 删除所有重复值 |
| 3 | inplace | 默认为 False，表示在当前对象的副本中操作；若设置为 True，则表示直接操作当前对象 |
| 4 | ignore_index | 默认为 False，如果为 True, 则重新分配行标签（0, 1, …, $N$–1） |

接着上面的示例，对于用户信息集 df，处理重复值的代码如下所示。

```
07   df.drop_duplicates(subset=['用户'], keep='last')
```

在第 7 行代码中，subset=['用户']表示基于'用户'列删除重复值，keep='last'表示保留最后一次出现的重复值。执行第 7 行代码，输出结果如图 5.2.5 所示，所有的重复值都被删除了。

| [7]: | 用户 | 评论数 | 关注数 | 被关注数 |
|---|---|---|---|---|
| **0** | A | 4 | 1 | 0 |
| **2** | B | 33 | 22 | 8 |
| **3** | C | 15 | 16 | 25 |
| **4** | D | 10 | 15 | 10 |
| **6** | E | 26 | 9 | 14 |
| **7** | F | 8 | 2 | 5 |

图 5.2.5　df.drop_duplicates(subset=['用户'], keep='last')的输出结果

### 任务实践 5-2：网上招聘数据重复值处理

使用任务实践 5-1 中处理缺失值以后的 data 目录下的文件"Python 开发职位 1.csv"，继续进行数据清洗，查看是否有重复值，并进行处理。

任务分析：首先需要读取文件"Python 开发职位 1.csv"，并将结果保存到一个 DataFrame 对象中；然后通过 duplicated()方法查看是否有重复值，如有则可以调用 drop_duplicates()方法进行删除操作。

完成任务的代码如下所示。

```
01   import pandas as pd
02   jobs = pd.read_csv(data/'Python 开发职位 1.csv')
03   jobs.duplicated()   #查看重复值
04   jobs.drop_duplicates(inplace=True)   #直接删除 jobs 的重复值
05   jobs.duplicated()   #再次查看重复值
06   jobs.to_csv('data/Python 开发职位 2.csv',index=False)   #保存到文件"Python 开发
     职位 2.csv"中
```

第 2 行代码读取 data 目录下的文件"Python 开发职位 1.csv"，并将其保存为 DataFrame 对象 jobs。

在第 3 行代码中，jobs 调用 duplicated()方法查看是否存在重复值，如果存在则显示 True，反之显示 False，如图 5.2.6 所示，第 3 行存在重复值，可以考虑删除。

```
[3]:  0     False
      1     False
      2     True
      3     False
      4     False
      5     False
      6     False
      7     False
      dtype: bool
```

图 5.2.6　查看 jobs 中是否存在重复值

在第 4 行代码中，jobs 调用 drop_duplicates()方法删除重复值，inplace=True 表示直接对 jobs 进行操作。

在第 5 行代码中，jobs 调用 duplicated()方法再次查看是否存在重复值，如图 5.2.7 所示，结果全部为 False，表明 jobs 中已经不存在重复值。

```
[5]:  0     False
      1     False
      3     False
      4     False
      5     False
      6     False
      7     False
      dtype: bool
```

图 5.2.7　再次查看 jobs 中是否存在重复值

第 6 行代码把删除重复值以后的数据保存到 data 目录下的文件"Python 开发职位 2.csv"中，index=False 表示不保存原有的行标签。

## 5.3 异常值处理

异常值是指在数据集中存在的不合理的值，即偏离正常范围的值，比如人的年龄为负数、百分制的学生成绩超过 100 分、10 分制的电影评分超过 10 分、商品的日销售额超过月销售额等，这些都属于异常值。数据集中的异常值可能是由于设备故障、人工录入错误或异常事件产生的。如果忽视这些异常值，在后续的数据分析中可能会导致结论的错误，所以在数据预处理的过程中，有必要检测出这些异常值并处理好它们。

### 5.3.1 检测异常值

检测异常值的常用方法有最大最小值法、标准差法和箱线图法。

**1. 最大最小值法**

如果已知某个数据的最大最小值，则超过这个范围的值被判定为异常值。

最大最小值法检测原理：已知最大值为 max，最小值为 min，则数据的正常取值范围为[min,max]，在这个范围之外的值为异常值。

例如，已知豆瓣电影的评分数据集（data/movies2.csv），评分区间为[0,10]，检测数据集中是否有异常值的代码示例如下。

```
01   import pandas as pd
02   df = pd.read_csv('data/movies2.csv',engine='python')
03   df[df['豆瓣评分']>10]    #筛选出评分大于 10 的异常值
04   df[df['豆瓣评分']<0]     #筛选出评分小于 0 的异常值
```

第 2 行代码读取豆瓣电影的评分数据集，并将其保存为 DataFrame 对象 df。

第 3 行代码筛选出评分大于 10 的异常值，输出结果如图 5.3.1 所示。

第 4 行代码筛选出评分小于 0 的异常值，输出结果如图 5.3.2 所示。

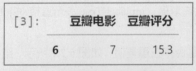

图 5.3.1　评分大于 10 的异常值

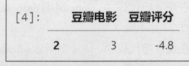

图 5.3.2　评分小于 0 的异常值

从图 5.3.1 可以看出，编号为 7 的电影，评分为 15.3，大于评分的最大值 10，被判定为异常值。从图 5.3.2 可以看出，编号为 3 的电影，评分为-4.8，小于评分的最小值 0，被判定为异常值。

**2. 标准差法**

在统计学中，如果一组数据呈正态分布，大约 95%的数据会在均值±2 个标准差范围内，大约 99%的数据会在均值±3 个标准差范围内。所以，如果一组数据呈正态分布，当某些数据值超过了均值±2 个标准差范围，则为异常值。如果某些数据值超过了均值±3 个标准差范围，则为极度异常值。

标准差法检测原理：首先假定数据满足正态分布，假定均值为 mean，标准差为 std，则数据的正常取值范围为[mean-2*std,mean+2*std]，在这个范围之外的值为异常值。

例如，已知某数据集（data/data.csv），利用标准差法检测数据集中是否有异常值的代码示例如下。

```
01  import pandas as pd
02  import matplotlib.pyplot as plt
03  df = pd.read_csv('data/data.csv',engine='python')
04  plt.hist(df['total'])    #绘制'total'列的直方图
05  mean = df['total'].mean()      #计算均值
06  std = df['total'].std()        #计算标准差
07  print( "正常值的范围: [%.2f,%.2f]" %(mean-2*std,mean+2*std))
08  df[df['total'] < mean-2*std ]    #筛选出'total'列中值小于 mean-2*std 的数据
09  df[df['total'] > mean+2*std ]    #筛选出'total'列中值大于 mean+2*std 的数据
```

第 2 行代码导入 matplotlib 绘图库的 pyplot 模块。

第 3 行代码读取数据集 data.csv，并将其保存为 DataFrame 对象 df。

第 4 行代码为'total'列绘制直方图，输出结果如图 5.3.3 所示。

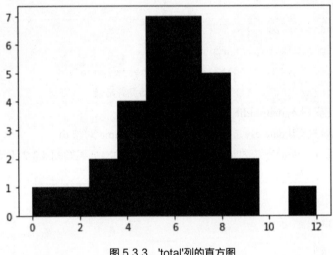

图 5.3.3　'total'列的直方图

第 5 行代码计算'total'列的均值。

第 6 行代码计算'total'列的标准差。

第 7 行代码输出'total'列中正常值的范围，输出结果如图 5.3.4 所示。

```
[7]: print( "正常值的范围: [%.2f,%.2f]" %(mean-2*std,mean+2*std))
     正常值的范围: [1.30,10.54]
```

图 5.3.4　'total'列中正常值的范围

第 8 行代码筛选出'total'列中值小于 1.30 的数据，输出结果如图 5.3.5 所示。

第 9 行代码筛选出'total'列中值大于 10.54 的数据，输出结果如图 5.3.6 所示。

| [8]: | id | total |
|---|---|---|
| **5** | 6 | 0.0 |

图 5.3.5　筛选出'total'列中值小于 1.30 的数据

| [9]: | id | total |
|---|---|---|
| **11** | 12 | 12.0 |

图 5.3.6　筛选出'total'列中值大于 10.54 的数据

从图 5.3.3 可以看出，'total'列的数据基本呈正态分布。所以，可以使用标准差法检测异常值。

从图 5.3.4 可以看出，'total'列中正常值的范围为[1.30,10.54]，在这个范围之外的值为异常值。

从图 5.3.5 可以看出，id 为 6 的数据，total 为 0.0，小于正常值范围的最小值 1.30，被判定为异常值。从图 5.3.6 可以看出，id 为 12 的数据，total 为 12.0，大于正常值范围的最大值 10.54，被判定为异常值。

### 3. 箱线图法

箱线图是描述一组数据的分布情况的统计图，能真实、直观地表现出数据分布的本来面貌，且不会对数据做任何限制性要求（标准差法要求数据服从正态分布或近似服从正态分布）。

箱线图将上四分位数（上限）和下四分位数（下限）作为数据分布的边界，任何高于上限或低于下限的数据都可以认为是异常值。

仍然以某数据集（data/data.csv）为例，利用箱线图法检测数据集中是否有异常值的代码示例如下。

```
01  import pandas as pd
02  import matplotlib.pyplot as plt
03  df = pd.read_csv('data/data.csv',engine='python')
04  plt.boxplot(df['total'])    #绘制箱线图检测异常值
```

同样，第 2 行代码导入 matplotlib 绘图库的 pyplot 模块。

第 3 行代码读取数据集 data.csv，并将其保存为 DataFrame 对象 df。

第 4 行代码调用 boxplot()方法为'total'列绘制箱线图，输出结果如图 5.3.7 所示。

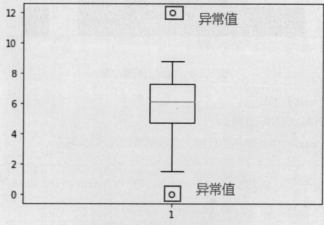

图 5.3.7　箱线图法检测异常值

从图 5.3.7 可以看出，箱线图法很容易检测出异常值，在高于上限和低于下限处各有一个异常值。

### 5.3.2 处理异常值

通过 5.3.1 小节的方法检测出异常值以后，就可以对异常值进行处理。常用的异常值处理方法是删除异常值和替换异常值。

**1. 删除异常值**

对于检测出的异常值，可以先将其设置为空值（NaN），再用 dropna()方法直接删除空值。

以 5.3.1 小节中豆瓣电影的评分数据集（data/movies2.csv）为例，评分的正常范围为[0,10]，处理异常值的代码示例如下。

```
01  import pandas as pd
02  import numpy as np
03  df = pd.read_csv('data/movies2.csv',engine='python')
04  df.loc[df['豆瓣评分']>10,'豆瓣评分'] = np.nan   #将评分大于 10 的值设置为 NaN
05  df.loc[df['豆瓣评分']<0,'豆瓣评分'] = np.nan    #将评分小于 0 的值设置为 NaN
06  df.dropna()      # 直接删除空值，默认删除 df 中有空值的所有行
```

第 4 行代码将评分大于 10 的值设置为 NaN。

第 5 行代码将评分小于 0 的值设置为 NaN。

第 6 行代码直接删除空值，默认删除 df 中有空值的所有行，输出结果如图 5.3.8 所示。

| [6]: | 豆瓣电影 | 豆瓣评分 |
|---|---|---|
| 0 | 1 | 7.1 |
| 1 | 2 | 6.7 |
| 3 | 4 | 7.7 |
| 4 | 5 | 8.1 |
| 5 | 6 | 5.8 |
| 7 | 8 | 8.1 |
| 8 | 9 | 4.8 |
| 9 | 10 | 7.5 |

图 5.3.8　删除 df 中异常值后的输出结果

从图 5.3.8 可以看出，经过处理后，评分的正常范围之外的异常值全都被删除了。

**2. 替换异常值**

如果要对检测出的异常值进行替换，要根据实际的情况确定替换的值，常常用最大值、最小值或者均值等。

以 5.3.1 小节的数据集（data/data.csv）为例，以均值来替换异常值的代码示例如下。

```
01  import pandas as pd
02  df = pd.read_csv('data/data.csv',engine='python')
03  mean = df['total'].mean()      #计算均值
```

**113**

```
04    std = df['total'].std()            #计算标准差
05    df.loc[df['total']>mean+2*std,'total'] = mean    #将大于正常值范围最大值的值替
      换为均值
06    df.loc[df['total']<mean-2*std,'total'] = mean    #将小于正常值范围最小值的值替
      换为均值
07    print("是否存在大于正常值范围最大值的值: ",any(df['total']>mean+2*std))
08    print("是否存在小于正常值范围最小值的值: ",any(df['total']<mean-2*std))
```

第 5 行代码将大于正常值范围最大值的值替换为均值。

第 6 行代码将小于正常值范围最小值的值替换为均值。

第 7 行和第 8 行代码通过 any()函数判断替换后的数据中是否存在异常值，输出结果如图 5.3.9 所示。

```
[7]:  print("是否存在大于正常值范围最大值的值: ",any(df['total']>mean+2*std))
      是否存在大于正常值范围最大值的值: False

[8]:  print("是否存在小于正常值范围最小值的值: ",any(df['total']<mean-2*std))
      是否存在小于正常值范围最小值的值: False
```

图 5.3.9　通过 any()函数判断替换后的数据中是否存在异常值

经过 any()函数的判断，如果存在超出正常值范围的值则输出 True。从图 5.3.9 可以看出，经过替换后，df 中已经不存在异常值了。

### 任务实践 5-3：网上招聘数据异常值处理

微课视频

使用任务实践 5-2 中处理重复值以后 data 目录下的文件"Python 开发职位 2.csv"，现在要对招聘数据按最低月薪进行降序排列。

任务分析：首先需要读取文件"Python 开发职位 2.csv"，并将其保存到一个 DataFrame 对象中；然后把薪资转换为数值格式；再判断转换后的数据中是否存在异常值，如果存在则进行异常值处理。

完成任务的代码如下所示。

```
01    import pandas as pd
02    jobs = pd.read_csv(data/'Python 开发职位 2.csv)
03    jobs['薪资']
04    #更改薪资格式，取最低值并扩大 1000 倍
      for i in range(len(jobs['薪资'])):
          jobs.loc[i,'薪资'] = jobs['薪资'][i].split('-')[0]    #通过 loc []修改数据
          jobs.loc[i,'薪资'] = float(jobs.loc[i,'薪资'])*1000
05    jobs.rename(columns={'薪资':'最低月薪'},inplace=True) #将列标签'薪资'改为'最低
      月薪'
06    jobs['最低月薪']
07    import matplotlib.pyplot as plt
08    plt.boxplot(jobs['最低月薪'])        #绘制箱线图检测异常值
```

```
09   jobs['最低月薪'][3] = jobs['最低月薪'][3] * 10    #把异常值扩大 10 倍
10   jobs.sort_values(by='最低月薪',ascending=False) #按'最低月薪'列降序排列
11   jobs.to_csv('data/Python 开发职位 3.csv',index=False)    #保存到文件"Python 开发
     职位 3.csv"中
```

第 2 行代码读取文件"Python 开发职位 2.csv",并将结果保存到一个 DataFrame 对象 jobs 中。

第 3 行代码查看'薪资'列,如图 5.3.10 所示。由于薪资为字符串,为了下一步进行排序,可以考虑转换为数值。

第 4 行代码进行薪资的格式转换。由于薪资是一个区间,可以取最小值,即符号"-"前面的数字,通过 Python 中字符串的 split()方法来拆分获得薪资的最小值,由于单位是千/月,因此需要将最小值扩大 1000 倍。

第 5 行代码将列标签'薪资'改为'最低月薪'。

第 6 行代码查看更改后的'最低月薪',如图 5.3.11 所示。

```
[3]: 0      5-8千元/月
     1      6-8千元/月
     2      7-9千元/月
     3      0.8-1千元/月
     4      6-8千元/月
     5      8-10千元/月
     6      10-15千元/月
     Name: 薪资, dtype: object
```

图 5.3.10  jobs 的'薪资'列

```
[6]: 0       5000.0
     1       6000.0
     2       7000.0
     3        800.0
     4       6000.0
     5       8000.0
     6      10000.0
     Name: 最低月薪, dtype: object
```

图 5.3.11  更改格式后 jobs 的'最低月薪'列

第 8 行代码绘制箱线图检测异常值,如图 5.3.12 所示。从图上可以看出,有 1 个异常值,是'最低月薪'列中的最小值,大约小于 1000。再次查看第 3 行代码输出的结果,如图 5.3.13 所示,这里有一个异常值应该是由于之前单位录入错误而产生的,应该为'万元/月',所以需要把这个值扩大 10 倍。

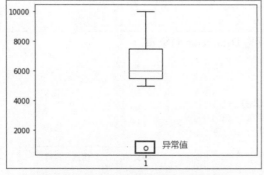

图 5.3.12  jobs 中'最低月薪'列的箱线图

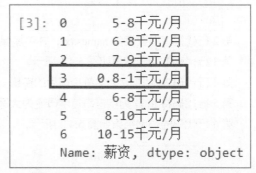

图 5.3.13  jobs 中'最低月薪'列的异常值

第 9 行代码将找到的'最低月薪'列的异常值扩大 10 倍。

第 10 行代码按'最低月薪'列降序排列,输出结果如图 5.3.14 所示。

第 11 行代码将处理异常值以后的数据保存到文件"Python 开发职位 3.csv"中。

| [10]: | 公司名字 | 职位名字 | 地区 | 发布日期 | 最低月薪 | 公司福利 |
|---|---|---|---|---|---|---|
| 6 | 北京微通新成网络科技有限公司 | Python开发工程师 | 上海·虹口区 | 2021.8.6 | 10000.0 | 五险一金，周末双休，带薪年假，员工旅游，弹性工作 |
| 3 | 北京极睿通慧科技有限公司 | Python开发工程师 | 北京·海淀区 | 20210823 | 8000.0 | 五险一金，补充医疗保险，交通补贴，餐饮补贴年终奖金，绩效奖金，弹性工作，定期体检，出国机会... |
| 5 | 深圳市麦士德福科技股份有限公司 | Python程序员 | 深圳·光明区 | 20210823 | 8000.0 | 五险一金，餐饮补贴，年终奖金，绩效奖金，定期体检 |
| 2 | 上海华腾软件系统有限公司 | Python开发工程师 | 上海·浦东新区 | 7/22/2021 | 7000.0 | 五险一金 年终奖金 定期体检 |
| 1 | 深圳大智润科技有限公司 | Python开发工程师 | 深圳·宝安区 | 2021/8/10 | 6000.0 | 周末双休，带薪年假，五险一金，包住宿，节日福利，专业培训，交通补贴，加班补贴，通信补贴 |
| 4 | 上海危网信息科技有限公司 | Python开发工程师 | 上海·浦东新区 | 20210823 | 6000.0 | 五险一金，周末双休，餐饮补贴 |
| 0 | 深圳市小强强科技有限公司 | 初级Python开发工程师 | 深圳市·南山区 | 2021/8/10 | 5000.0 | 五险一金，员工旅游，绩效奖金，年终奖金，交通补贴 |

图 5.3.14　jobs 中按'最低月薪'列降序排列的数据

# 5.4　格式不一致数据处理

微课视频

在实际的工作中，因为人工操作或者系统设计的缺陷，导致收集的数据集可能存在数据格式不一致的情况，例如姓名中大小写字母和空格的不一致、日期格式的不一致等。不一致的数据如果不进行处理，将会影响后续的数据分析结果。下面分别对姓名和日期格式不一致的数据进行处理。

## 5.4.1　姓名格式不一致的处理

以数据集（data/names.txt）为例，处理姓名格式不一致的代码如下所示。

```
01  import pandas as pd
02  df = pd.read_csv("data/names.txt",sep=',',engine='python',encoding="utf-8")
03  df
04  df['拼音'] = df['拼音'].map(str.strip)    #去除'拼音'列字符串前后的空格
05  df['拼音'] = df['拼音'].map(str.title)    #将'拼音'列字符串首字母变为大写字母
06  df
```

第 2 行代码读取数据集 names.txt，并将其保存为 DataFrame 对象 df。

第 3 行代码的输出结果如图 5.4.1 所示。

第 4 行代码去除'拼音'列字符串前后的空格。

第 5 行代码将'拼音'列字符串首字母变为大写字母。

第 6 行代码的输出结果如图 5.4.2 所示。

| [3]: | 中文 | 拼音 | 雅号 |
|---|---|---|---|
| 0 | 李白 | Li bai | 诗仙 |
| 1 | 杜甫 | du fu | 诗圣 |
| 2 | 白居易 | Bai juyi | 诗魔 |
| 3 | 贺知章 | He zhiZhang | 诗狂 |

图 5.4.1　df 的初始数据

| [6]: | 中文 | 拼音 | 雅号 |
|---|---|---|---|
| 0 | 李白 | Li Bai | 诗仙 |
| 1 | 杜甫 | Du Fu | 诗圣 |
| 2 | 白居易 | Bai Juyi | 诗魔 |
| 3 | 贺知章 | He Zhizhang | 诗狂 |

图 5.4.2　df 中姓名拼音格式统一后的数据

从图 5.4.1 可以看出，各诗人的姓名用拼音表示，但是大小写非常混乱。从图 5.4.2 的输出结果可以看出，经过第 4 行和第 5 行代码的处理，各诗人的姓名格式统一了，全部设置为首字母大写。

### 5.4.2 日期格式不一致的处理

日期是数据集中的常用字典数据，而且日期常常有很多种表达格式。比如，2021 年 7 月 1 日是中国共产党建党 100 周年的日子，这个日期可以有 5 种不同的表达格式，如图 5.4.3 所示。

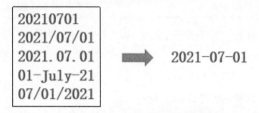

图 5.4.3　5 种不同的日期格式

所以，需要对日期格式进行统一，才能进行后续的数据分析工作。pandas 提供了 to_datetime() 方法来进行批量的日期格式转换，该方法非常实用和方便。

将 2021 年 7 月 1 日的日期格式统一的代码如下所示。

```
01  import pandas as pd
02  df = pd.DataFrame({'原日期': ['20210701', '2021/07/01', '2021.07.01',
    '01-July-21','07/01/2021']})
03  df['转换后的日期'] = pd.to_datetime(df['原日期'])
04  df
```

第 2 行代码创建 DataFrame 对象 df，其初始值包括 5 种不同的日期格式。

第 3 行代码利用 pandas 的 to_datetime() 方法统一日期格式，并将结果赋值给新的列'转换后的日期'。

第 4 行代码输出变换后的 df 的结果，如图 5.4.4 所示。

| [4]: | | 原日期 | 转换后的日期 |
| --- | --- | --- | --- |
| | **0** | 20210701 | 2021-07-01 |
| | **1** | 2021/07/01 | 2021-07-01 |
| | **2** | 2021.07.01 | 2021-07-01 |
| | **3** | 01-July-21 | 2021-07-01 |
| | **4** | 07/01/2021 | 2021-07-01 |

图 5.4.4　将 2021 年 7 月 1 日的日期格式统一的结果

有时候，为了统计的需要，还需要将日期按年、月、日进行分割。Series 对象提供了 dt 对象来获取日期的上述属性，dt 对象的常用属性和方法如表 5.4.1 所示。

表 5.4.1 dt 对象的常用属性和方法

| 序号 | 属性/方法 | 说明 |
|---|---|---|
| 1 | year | 年 |
| 2 | month | 月 |
| 3 | day | 日 |
| 4 | quarter | 季度 |
| 5 | is_leap_year | 是否是闰年 |
| 6 | day_name() | 星期 |

接着上面的示例，使用 dt 对象获取日期中的年、月、日、季度、星期等，代码示例如下。

```
05   df['年'], df['月'], df['日'] = df['转换后的日期'].dt.year, df['转换后的日期
     '].dt.month, df['转换后的日期'].dt.day
06   df['季度'] = df['转换后的日期'].dt.quarter
07   df['星期'] = df['转换后的日期'].dt.day_name()
08   df['闰年'] = df['转换后的日期'].dt.is_leap_year
09   df
```

第 5 行代码获取日期的年、月、日。

第 6 行代码获取日期对应的季度。

第 7 行代码获取日期对应的星期。

第 8 行代码判断日期对应的年是否为闰年。

第 9 行代码输出 df 的数据，如图 5.4.5 所示。

| [9]: | | 原日期 | 转换后的日期 | 年 | 月 | 日 | 季度 | 星期 | 闰年 |
|---|---|---|---|---|---|---|---|---|---|
| | 0 | 20210701 | 2021-07-01 | 2021 | 7 | 1 | 3 | Thursday | False |
| | 1 | 2021/07/01 | 2021-07-01 | 2021 | 7 | 1 | 3 | Thursday | False |
| | 2 | 2021.07.01 | 2021-07-01 | 2021 | 7 | 1 | 3 | Thursday | False |
| | 3 | 01-July-21 | 2021-07-01 | 2021 | 7 | 1 | 3 | Thursday | False |
| | 4 | 07/01/2021 | 2021-07-01 | 2021 | 7 | 1 | 3 | Thursday | False |

图 5.4.5 利用 dt 对象获取日期的属性

以电影数据集（data/movies3.csv）为例，对内地上映日期格式进行处理，代码如下所示。

```
01   import pandas as pd
02   df = pd.read_csv('data/movies3.csv')
03   df['内地上映日期']=pd.to_datetime(df['内地上映日期'])
04   df
05   df['内地上映日期'].dt.year   #输出上映的年份
```

第 2 行代码调用 pandas 的 read_csv()方法读取 data 目录下的文件 "movies3.csv"，并将其保存为 DataFrame 对象 df。

第 3 行代码利用 pandas 的 to_datetime()方法统一日期格式，并通过 dt 对象的 year 属性获取处理后的内地上映日期信息，然后将其重新赋值给'内地上映日期'列。

第 4 行代码输出 df 的结果，如图 5.4.6 所示。

| | 电影 | 内地上映日期 |
|---|---|---|
| 0 | 长津湖之水门桥 | 2022-02-01 |
| 1 | 红海行动 | 2018-02-16 |
| 2 | 战狼2 | 2017-07-27 |
| 3 | 流浪地球2 | 2023-01-22 |
| 4 | 中国机长 | 2019-09-30 |

图 5.4.6　转换'内地上映日期'列的类型后 df 的结果

第 5 行代码使用 dt 对象获取'内地上映日期'列中的年份，如图 5.4.7 所示。

```
[5]: 0    2022
     1    2018
     2    2017
     3    2023
     4    2019
     Name: 内地上映日期, dtype: int64
```

图 5.4.7　查看'内地上映日期'列的年份

## 任务实践 5-4：网上招聘数据中不一致数据的处理

微课视频

使用任务实践 5-3 中处理了异常值以后 data 目录下的文件"Python 开发职位 3.csv"，观察图 5.3.14 发现地区列和发布日期列中的数据格式不一致。地区列中的城市名有的加上了"市"，如"深圳市-南山区"，大部分城市名后面都没有加"市"。发布日期列中的数据格式不一致，有 4 种不同的表示方式。接下来，对地区列和发布日期列中的数据进行处理。

任务解析：首先需要读取文件"Python 开发职位 3.csv"，并将其保存到一个 DataFrame 对象中；然后将地区列中的数据按 "-" 拆分为城市列和地区列两列，城市列中的数据后面统一加上"市"；发布日期列中的数据调用 5.4 节讲到的 pandas 的 to_datetime()方法统一日期格式。

完成上述任务的代码如下所示。

```
01  import pandas as pd
02  jobs = pd.read_csv('data/Python 开发职位 3.csv', encoding="utf_8_sig")
03  #更改'地区'列数据的格式
    city = []
    for i in range(len(jobs['地区'])):
        temp =jobs['地区'][i].split('-')
        jobs.loc[i,'地区']= temp[1]    #利用 loc[]方法修改数据
        if '市' in temp[0]:
            city.append(temp[0])
        else:
```

```
           city.append(temp[0]+'市')
       jobs.insert(2,'城市',value=city)  #添加一列'城市'数据
04    jobs
05    jobs['发布日期'] = pd.to_datetime(jobs['发布日期'])    #统一日期格式
06    jobs
```

第 2 行代码读取文件"Python 开发职位 3.csv"，并将其保存到一个 DataFrame 对象 jobs 中。

第 3 行代码更改'地区'列数据的格式，将'地区'列中的数据按'-'拆分为'城市'和'地区'两列，对 jobs 的'地区'列重新赋值为拆分后的'地区'列数据，这里使用 loc[]方法修改数据。在 jobs 的第 3 列新增'城市'列，其值为拆分后的'城市'列数据。

第 4 行代码查看修改'地区'列数据的格式后的结果，如图 5.4.8 所示。

| [4]: | | 公司名字 | 职位名字 | 城市 | 地区 | 发布日期 | 最低月薪 | 公司福利 |
|---|---|---|---|---|---|---|---|---|
| | 0 | 深圳市小强强科技有限公司 | 初级Python开发工程师 | 深圳市 | 南山区 | 2021/8/10 | 5000.0 | 五险一金，员工旅游，绩效奖金，年终奖金，交通补贴 |
| | 1 | 深圳大智澜科技有限公司 | Python开发工程师 | 深圳市 | 宝安区 | 2021/8/10 | 6000.0 | 周末双休，带薪年假，五险一金，包住宿，节日福利，专业培训，交通补贴，加班补贴，通信补贴 |
| | 2 | 上海华腾软件系统有限公司 | Python开发工程师 | 上海市 | 浦东新区 | 7/22/2021 | 7000.0 | 五险一金 年终奖金 定期体检 |
| | 3 | 北京极客通慧科技有限公司 | Python开发工程师 | 北京市 | 海淀区 | 20210823 | 8000.0 | 五险一金，补充医疗保险，交通补贴，餐饮补贴年终奖金，绩效奖金，弹性工作，定期体检，出国机会… |
| | 4 | 上海危网信息科技有限公司 | Python开发工程师 | 上海市 | 浦东新区 | 20210823 | 6000.0 | 五险一金，周末双休，餐饮补贴 |
| | 5 | 深圳市麦士德福科技股份有限公司 | Python程序员 | 深圳市 | 光明区 | 20210823 | 8000.0 | 五险一金，餐饮补贴，年终奖金，绩效奖金，定期体检 |
| | 6 | 北京微通新成网络科技有限公司 | Python开发工程师 | 上海市 | 虹口区 | 2021.8.6 | 10000.0 | 五险一金，周末双休，带薪年假，员工旅游，弹性工作 |

图 5.4.8　查看 jobs 中修改'地区'列数据的格式后的结果

第 5 行代码调用 to_datetime()方法统一日期的格式。

第 6 行代码查看 jobs 中统一'发布日期'格式后的结果，如图 5.4.9 所示。

| [6]: | | 公司名字 | 职位名字 | 城市 | 地区 | 发布日期 | 最低月薪 | 公司福利 |
|---|---|---|---|---|---|---|---|---|
| | 0 | 深圳市小强强科技有限公司 | 初级Python开发工程师 | 深圳市 | 南山区 | 2021-08-10 | 5000.0 | 五险一金，员工旅游，绩效奖金，年终奖金，交通补贴 |
| | 1 | 深圳大智澜科技有限公司 | Python开发工程师 | 深圳市 | 宝安区 | 2021-08-10 | 6000.0 | 周末双休，带薪年假，五险一金，包住宿，节日福利，专业培训，交通补贴，加班补贴，通信补贴 |
| | 2 | 上海华腾软件系统有限公司 | Python开发工程师 | 上海市 | 浦东新区 | 2021-07-22 | 7000.0 | 五险一金 年终奖金 定期体检 |
| | 3 | 北京极客通慧科技有限公司 | Python开发工程师 | 北京市 | 海淀区 | 2021-08-23 | 8000.0 | 五险一金，补充医疗保险，交通补贴，餐饮补贴年终奖金，绩效奖金，弹性工作，定期体检，出国机会… |
| | 4 | 上海危网信息科技有限公司 | Python开发工程师 | 上海市 | 浦东新区 | 2021-08-23 | 6000.0 | 五险一金，周末双休，餐饮补贴 |
| | 5 | 深圳市麦士德福科技股份有限公司 | Python程序员 | 深圳市 | 光明区 | 2021-08-23 | 8000.0 | 五险一金，餐饮补贴，年终奖金，绩效奖金，定期体检 |
| | 6 | 北京微通新成网络科技有限公司 | Python开发工程师 | 上海市 | 虹口区 | 2021-08-06 | 10000.0 | 五险一金，周末双休，带薪年假，员工旅游，弹性工作 |

图 5.4.9　查看 jobs 中统一'发布日期'格式后的结果

## 5.5　总结

本单元介绍了数据清洗的常用操作，包括缺失值处理、重复值处理、异常值处理和格式不一致数据处理。

本单元知识点的思维导图如下所示。

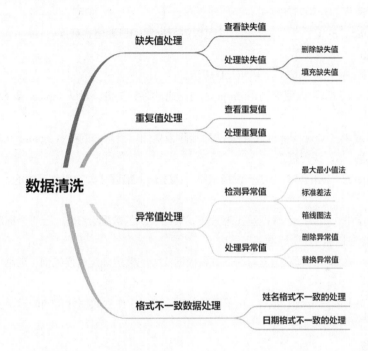

## 拓展实训：清洗超市销售数据

已知某超市的销售数据（data/超市销售数据.csv），数据格式如图 5.1 所示，这里只显示了前 10 行数据。

| | 记录编号 | 商品类别 | 商品名称 | 销售日期 | 商品编码 | 规格型号 | 单位 | 销售... | 商品单价 | 销售金额 |
|---|---|---|---|---|---|---|---|---|---|---|
| 1 | X0001 | 日配 | 冷藏面食类 | 2021.08.09 | DW-1503050035 | 500g | 袋 | 1 | 8.3 | 8.30 |
| 2 | X0002 | 干货 | 木耳 | 2021/8/9 | DW-2007010021 | 散称 | kg | 0.132 | 89.8 | 11.85 |
| 3 | X0003 | 日配 | 冷藏加味酸乳 | 2021.08.09 | DW-1505020020 | 100g*8 | 袋 | 1 | 11.9 | 11.90 |
| 4 | X0004 | 蔬果 | 花果 | 2021.08.09 | DW-1201040022 | 散称 | KG | 0.964 | 5.6 | 5.40 |
| 5 | X0005 | 蔬果 | 花果 | 2021.08.09 | DW-1201040010 | 散称 | 千克 | 0.708 | 2.58 | 1.83 |
| 6 | X0006 | 日配 | 冷藏加味酸乳 | 2021/8/9 | DW-1505020011 | 150g | 袋 | 1 | 2.4 | 2.40 |
| 7 | X0007 | 熟食 | 现制焙类 | 2021/8/10 | DW-1308030035 | 个 | 个 | 2 | 1 | 2.00 |
| 8 | X0008 | 休闲 | 袋装薯片 | 2021/8/10 | DW-2203020029 | 45g | 袋 | 1 | 4 | 4.00 |
| 9 | X0009 | 休闲 | 袋装薯片 | 2021/8/10 | DW-2203020029 | 45g | 袋 | 1 | 4 | 4.00 |
| 10 | X0010 | 蔬果 | 花果 | 2021/8/10 | DW-1201040016 | 散称 | 千克 | 0.784 | 1.6 | 1.25 |

图 5.1　超市销售数据部分内容

要求对该数据集进行数据清洗，分别对缺失值、重复值、异常值和不一致数据进行处理。

///////// 课后习题

**一、填空题**

1. 数据清洗的常用操作有（　　　　）、（　　　　）、（　　　　）和（　　　　）。

2. pandas 提供了（　　　　）方法来查看重复值。

3. 检测异常值的常用方法有（　　　　）、（　　　　）和（　　　　）。

4. 利用 pandas 的（　　　　）方法可以进行批量的日期格式替换。

**二、判断题**

1. 在 pandas 中，缺失值一般用 NULL 表示。　　　　　　　　　　　　　　　　　（　　）

2. DataFrame 对象可以直接调用 dropna()方法来删除缺失值，默认 inplace 参数为 False，删除操作直接改变原数据。　　　　　　　　　　　　　　　　　　　　　　　　　（　　）

3. pandas 提供了 drop_duplicates()方法来删除重复值，该方法的参数 ignore_index=True，表示为删除后的数据重新设置行标签。　　　　　　　　　　　　　　　　　　　　　（　　）

4. 数据集中的异常值可能是由于设备故障、人工录入错误或异常事件产生的，可以不用处理。
　　　　　　　　　　　　　　　　　　　　　　　　　　　　　　　　　　　　（　　）

5. 在统计学中，如果一组数据呈正态分布，大约 95%的数据会在均值±2 个标准差范围内，大约 99%的数据会在均值±3 个标准差范围内。　　　　　　　　　　　　　　　　　（　　）

6. 如果要对检测出的异常值进行替换，要根据实际的情况确定替换的值，常常用最大值、最小值或者均值等。　　　　　　　　　　　　　　　　　　　　　　　　　　　　　（　　）

7. 箱线图将上四分位数（上限）和下四分位数（下限）作为数据分布的边界，任何在上限和下限之间的数据都认为是异常值。　　　　　　　　　　　　　　　　　　　　　　　（　　）

**三、单选题**

1. DataFrame 对象调用哪个方法来查看缺失值？（　　　　）
　　A. sum()　　　　　　　B. insert()　　　　　　C. isnull()　　　　　　D. drop()

2. DataFrame 对象调用哪个方法来填充缺失值？（　　　　）
　　A. notnull()　　　　　B. fillna()　　　　　　C. isnull()　　　　　　D. dropna()

3. 下面哪个 Python 库是常用的绘图库？（　　　　）
　　A. matplotlib　　　　　B. math　　　　　　　C. os　　　　　　　　D. pandas

4. 下面哪个方法可以绘制箱线图？（　　　　）
　　A. plot()　　　　　　　B. subplots()　　　　　C. show()　　　　　　D. boxplot()

5. 下面哪条语句可以将'拼音'列的字符串首字母变为大写字母？（　　　　）
　　A. df['拼音'] = df['拼音'].map(str.title)
　　B. df['拼音'] = df['拼音'].map(str.max)
　　C. df['拼音'] = df['拼音'].map(str.min)
　　D. df['拼音'] = df['拼音'].map(str.strip)

**四、编程题**

已知某班的学生成绩表(data/score.xls)，对该表的数据完成清洗操作。

# 单元 6

## 数据变换

06

### 学习目标

✧ 掌握数据类型变换的原理和方法

✧ 掌握数据格式变换的原理和方法

✧ 掌握数据映射的原理和方法

---

问渠那得清如许？为有源头活水来。

——[南宋]朱熹

要问池塘里的水为何这样清澈呢？是因为有永不枯竭的源头源源不断地为它输送活水。写这首诗时，朱熹正处在人生的逆境，他在小山村中读书讲学，不过是为了避祸而已。尽管如此，他的内心世界却是充实而自信的，在他胸中包含着人间万象，惦念着天下苍生。正因为这种博大的胸襟，眼前这方小小的池塘，也吞吐着宇宙万象。借水之清澈，是因为有源头活水不断注入，暗喻人要心灵澄明，就得认真读书，时时补充新知识。人生只有不断学习新知识，才能达到新境界！

数据变换是将数据从一种类型/格式变换为另一种类型/格式，或按照指定的映射变换为另一种数据的过程。例如，在进行数据分析时，往往要对数据进行计算，例如按季度、按年统计销售额，这时候一定要确保数据的类型是数值类型。pandas 进行数据预处理时，提供了多个操作方法对数据进行变换。基于 pandas 的数据变换的常用操作包括数据类型变换、数据格式变换和数据映射。

## 6.1 数据类型变换

微课视频

进行数据分析时，确保使用正确的数据类型是非常重要的，否则可能会导致一些不可预知的错误发生。pandas 中进行数据类型变换有两种基本方法：用 astype() 方法进行强制类型变换；用 to_numeric() 方法将数据的类型变换为数值类型。

### 6.1.1 用 astype() 方法进行强制类型变换

astype() 方法可以将 pandas 中 DataFrame 对象的一列或多列数据的类型变换为指定的数据类型，返回值为变换后的数据，默认更改的是原始对象的副本，语法格式如下所示。

```
DataFrame.astype(dtype, copy=True, errors='raise')
```

astype()方法的参数说明如表 6.1.1 所示。

**表 6.1.1　astype()方法的参数说明**

| 序号 | 参数 | 说明 |
|------|------|------|
| 1 | dtype | 数据类型或列标签，将整个 pandas 对象的类型强制变换为相同的类型。或者使用 {col:dtype,...}将一列或多列数据的类型变换为特定的类型 |
| 2 | copy | 布尔值，默认为 True，返回更改对象的副本。设置为 False 表示直接修改原始对象。一般不要轻易设置为 False |
| 3 | errors | 默认为'raise'，表示允许引发异常。还可以设置为'ignore'，表示忽略异常，出错时返回原始对象（版本 0.20.0 中的新功能） |

通过 astype()方法进行数据类型变换的代码如下所示。

```
01  import pandas as pd
02  df = pd.read_csv('data/ratings.csv',sep=',')
03  df.dtypes
04  df
05  df2 = df.astype('int64')
06  df2.dtypes
07  df3 = df.astype({'用户编号': 'int64','项目编号': 'int64'})
08  df3.dtypes
```

第 2 行代码读取一个文件并将其保存为 DataFrame 对象 df。

第 3 行代码查看 df 所有列的数据类型，结果如图 6.1.1 所示。

第 4 行代码查看 df 的内容，如图 6.1.2 所示。

```
[3]:  用户编号      float64
      项目编号      float64
      评分        float64
      dtype: object
```

图 6.1.1　df 中所有列的数据类型

| [4]: | 用户编号 | 项目编号 | 评分 |
|------|--------|--------|------|
| **0** | 1.0 | 1.0 | 5.0 |
| **1** | 1.0 | 2.0 | 4.0 |
| **2** | 2.0 | 1.0 | 4.0 |
| **3** | 3.0 | 2.0 | 5.0 |
| **4** | 4.0 | 3.0 | 4.0 |

图 6.1.2　df 的内容

从图 6.1.1 和图 6.1.2 的结果可以看出，用户编号、项目编号和评分的数据类型都是 float64 类型，float64 是 pandas 默认的浮点数类型。用户编号和项目编号为小数，这不符合实际情况，需要将它们变换为整数。如果对评分没有要求，也可以将其变换成整数。在第 5 行代码中，df 调用 astype()方法，参数为'int64'，这是 pandas 默认的整数类型，表示直接把 df 的所有列都变换为整数，并保存到 df2 中。第 6 行代码查看 df2 的数据类型，输出结果如图 6.1.3 所示，所有列的数据类型都是 int64 类型，表示数据都变换为整数。

第 7 行代码通过传递字典形式的参数，只改变用户编号和项目编号的类型。

第 8 行代码查看 df3 的数据类型，输出结果如图 6.1.4 所示，用户编号和项目编号的类型变换为

int64 类型，评分的类型还是 float64 类型。

```
[6]:  用户编号      int64
      项目编号      int64
      评分          int64
      dtype: object
```

图 6.1.3　df2 中所有列的数据类型

```
[8]:  用户编号      int64
      项目编号      int64
      评分        float64
      dtype: object
```

图 6.1.4　df3 中所有列的数据类型

需要注意的是，astype()方法的功能有限，只能进行纯数字的类型转化，如果数据包含其他符号，则无法进行类型变换，代码如下所示。

```
09   df4= pd.read_csv('data/booksales.csv',sep=',')
10   df4
11   df4.dtypes
12   df5 = df4.astype({'价格': 'float64'})
```

第 9 行代码读取图书销售数据文件，并将其保存为 DataFrame 对象 df4。

第 10 行代码查看 df4 的内容，如图 6.1.5 所示。可以看出，'价格'列包含人民币的符号。

| [10]: | 用户编号 | 图书编号 | 图书名 | 价格 |
|---|---|---|---|---|
| **0** | 1 | 1 | Python程序设计 | ￥35 |
| **1** | 1 | 2 | Python数据预处理 | ￥40 |
| **2** | 1 | 3 | 基于Python的机器学习 | ￥45 |
| **3** | 1 | 4 | Python数据分析与可视化 | ￥45 |
| **4** | 1 | 5 | 基于Python的深度学习 | ￥45 |

图 6.1.5　df4 的内容

第 11 行代码查看 df4 的数据类型，输出结果如图 6.1.6 所示，用户编号和图书编号的类型为 int64 类型，而图书名和价格的类型为 object 类型。如果要统计用户购书的总金额，就需要进行价格的求和运算，需要将'价格'列的数据类型变换为 float64 类型。

```
[11]:  用户编号        int64
       图书编号        int64
       图书名，价格    object
       dtype: object
```

图 6.1.6　df4 中所有列的数据类型

第 12 行代码用 astype()方法对'价格'列进行类型变换，运行代码出现错误，如图 6.1.7 所示。

```
ValueError                        Traceback (most recent call last)
Input In [12], in <module>
----> 1 df5 = df4.astype({'价格':'float64'})

......

ValueError: could not convert string to float: '￥35'
```

图 6.1.7　将 df4 中'价格'列的类型变换为 float64 类型的错误

从图 6.1.7 可以看出，对'价格'列进行变换的时候出错。所以，如果数据列不是纯数字，就不能使用 astype()方法进行类型变换。对于这个情况，需要用到其他的变换方法，6.3.1 小节会介绍。

### 6.1.2 用 to_numeric()方法将数据的类型变换为数值类型

pandas 中的 to_numeric()方法可以将数据的类型变换为数值类型,默认返回的数据类型为 float64 或 int64 类型，具体取决于提供的数据，语法格式如下。

```
pandas.to_numeric(arg, errors='raise', downcast=None)
```

to_numeric()方法的参数说明如表 6.1.2 所示。

表 6.1.2    to_numeric()方法的参数说明

| 序号 | 参数 | 说明 |
|------|------|------|
| 1 | arg | 列表、元组(tuple)、一维数组或 Series 对象 |
| 2 | errors | 默认为'raise', 无效的解析将引发异常。还可以是'coerce'或'ignore', 'coerce'表示将无效解析设置为 NaN, 'ignore'表示无效的解析将忽略异常 |
| 3 | downcast | 默认为 None，根据数据自动变换类型。如果不是 None，则根据以下规则将结果数据类型变换为可能的最小数值类型：'integer'或'signed'表示变换为最小的有符号整数类型( numpy.int8 ),'unsigned'表示变换为最小的无符号整数类型( numpy.uint8 ),'float' 表示变换为最小的浮点数类型（ numpy.float32） |

通过 to_numeric()方法进行数据类型变换的代码如下所示。

```
01  import pandas as pd
02  s = pd.Series(['1.0', '2', -3])
03  pd.to_numeric(s)
04  pd.to_numeric(s, downcast='float')
05  pd.to_numeric(s, downcast='signed')
06  s2 = pd.Series(['apple', '1.0', '2', -3])
07  pd.to_numeric(s2, errors='ignore')
08  pd.to_numeric(s2, errors='coerce')
09  pd.to_numeric(s2, errors='raise')
```

第 2 行代码创建了 pandas 的 Series 对象 s。

第 3 行代码通过 pandas 调用 to_numeric()方法进行类型变换，返回值如图 6.1.8 所示，默认变换为 float64 类型。

第 4 行代码设置 to_numeric()方法的 downcast='float', 变换结果如图 6.1.9 所示，变换为 float32 类型。

第 5 行代码设置 to_numeric()方法的 downcast='signed', 变换结果如图 6.1.10 所示，变换为 int8 类型。

第 6 行代码重新创建了一个 Series 对象 s2，添加了一个字符串'apple'。

第 7 行代码调用 to_numeric()方法进行类型变换,设置 errors='ignore',变换结果如图 6.1.11 所示，默认变换为 object 类型。

第 8 行代码设置 errors='coerce'，变换结果如图 6.1.12 所示，字符串'apple'被变换为 NaN，其他的类型变换为 float64 类型。

第 9 行代码设置 errors='raise'，变换字符串'apple'时抛出异常，显示结果如图 6.1.13 所示。

```
[3]: 0    1.0
     1    2.0
     2   -3.0
     dtype: float64
```

图 6.1.8  默认的类型变换结果

```
[4]: 0    1.0
     1    2.0
     2   -3.0
     dtype: float32
```

图 6.1.9  downcast='float'的变换结果

```
[5]: 0    1
     1    2
     2   -3
     dtype: int8
```

图 6.1.10  downcast='signed'的变换结果

```
[7]: 0    apple
     1    1.0
     2    2
     3   -3
     dtype: object
```

图 6.1.11  errors='ignore'的变换结果

```
[8]: 0    NaN
     1    1.0
     2    2.0
     3   -3.0
     dtype: float64
```

图 6.1.12  errors='coerce'的变换结果

```
--------------------------------------------------
ValueError                          Traceback (most recent cal
pandas\_libs\lib.pyx in pandas._libs.lib.maybe_convert_numeric()

ValueError: Unable to parse string "apple"

During handling of the above exception, another exception occurred:
```

图 6.1.13  errors='raise'时出现异常

## 任务实践 6-1：电影数据类型变换

如图 6.1.14 所示，已知 2021 年 10 月 6 日获得的国庆热映的 5 部电影数据集（data/movies.csv）。本任务要求分别找出评分最高和评论人数最多的 3 部影片。

微课视频

```
📄 movies.csv - 记事本
文件(F)  编辑(E)  格式(O)  查看(V)  帮助(H)
电影,评分,评论
长津湖,7.6,271852人
我和我的父辈,7,105652人
五个扑水的少年,7.3,14670人
皮皮鲁与鲁西西之罐头小人,7.1,3912人
1950他们正年轻,8.9,20913人
```

图 6.1.14  "movies.csv" 的数据

完成本任务的代码如下所示。

```
01  import pandas as pd
02  df = pd.read_csv('data/movies.csv')
03  df
04  df.sort_values(by='评分',ascending=False)                    #按'评分'列降序排列
05  df['评论'] = df['评论'].str.split('人',1,expand=True)[0]  #提取'评论'列数据
06  df.dtypes
07  df = df.astype({'评论':'int64'})                             #变换为整数
08  df.sort_values(by='评论',ascending=False)                    #按'评论'列降序排列
```

第 2 行代码读取文件"data/movies.csv"的内容，并将其保存到 DataFrame 对象 df 中。

第 3 行代码输出 df 的结果，如图 6.1.15 所示。

| [3]: | | 电影 | 评分 | 评论 |
|---|---|---|---|---|
| **0** | | 长津湖 | 7.6 | 271852人 |
| **1** | | 我和我的父辈 | 7.0 | 105652人 |
| **2** | | 五个扑水的少年 | 7.3 | 14670人 |
| **3** | 皮皮鲁与鲁西西之罐头小人 | | 7.1 | 3912人 |
| **4** | | 1950他们正年轻 | 8.9 | 20913人 |

图 6.1.15  df 的结果

首先找出评分最高的 3 部影片。

第 4 行代码按'评分'列降序排列，如图 6.1.16 所示，评分最高的前 3 部影片是《1950 他们正年轻》（8.9）、《长津湖》（7.6）、《五个扑水的少年》（7.3）。

| [4]: | | 电影 | 评分 | 评论 |
|---|---|---|---|---|
| **4** | | 1950他们正年轻 | 8.9 | 20913人 |
| **0** | | 长津湖 | 7.6 | 271852人 |
| **2** | | 五个扑水的少年 | 7.3 | 14670人 |
| **3** | 皮皮鲁与鲁西西之罐头小人 | | 7.1 | 3912人 |
| **1** | | 我和我的父辈 | 7.0 | 105652人 |

图 6.1.16  按'评分'列降序排列的结果

接下来要找出评论人数最多的 3 部影片。从图 6.1.15 和图 6.1.16 的结果可以看出，'评论'列的数据有字符'人'，所以要先对'评论'列的数据进行处理。

第 5 行代码通过字符串的 split()方法提取'评论'列的数据，其中的参数 1 表示只分 1 列，正好提取出评论的人数，并将其重新赋值给 df 的'评论'列。

第 6 行代码查看 df 的数据类型，如图 6.1.17 所示，'评论'列的数据类型为 object 类型，所以需要进行类型转换。

第 7 行代码将'评论'列的数据类型变换为 int64 类型。

```
[6]: 电影      object
     评分     float64
     评论      object
     dtype: object
```

图 6.1.17　提取'评论'列数据后 df 的数据类型

第 8 行代码按'评论'列降序排列，如图 6.1.18 所示，评论人数最多的前 3 部影片是《长津湖》（271852）、《我和我的父辈》（105652）、《1950 他们正年轻》（20913）。

| [8]: | | 电影 | 评分 | 评论 |
|---|---|---|---|---|
| 0 | | 长津湖 | 7.6 | 271852 |
| 1 | | 我和我的父辈 | 7.0 | 105652 |
| 4 | | 1950他们正年轻 | 8.9 | 20913 |
| 2 | | 五个扑水的少年 | 7.3 | 14670 |
| 3 | | 皮皮鲁与鲁西西之罐头小人 | 7.1 | 3912 |

图 6.1.18　变换'评论'列类型后按'评论'列降序排列的结果

# 6.2　数据格式变换

微课视频

pandas 处理数据时为了提高可读性，一般会对数据进行格式变换，如设置小数位数、设置百分比和设置千位分隔符等）。本节将分别对以上的数据格式变换进行代码展示。

## 6.2.1　设置小数位数

在进行数据预处理操作时，有时候数据的小数位数太多，影响了显示效果。这时就可以对小数位数进行设置，增加数据的可读性。设置小数位数，可以使用 DataFrame 对象的 round()方法实现，该方法可以实现四舍五入，返回值为变换后的数据，默认更改的是原始对象的副本，语法格式如下所示。

```
pandas.round(decimals=0,*args,**kwargs)
```

round()方法的参数说明如表 6.2.1 所示。

表 6.2.1　round()方法的参数说明

| 序号 | 参数 | 说明 |
|---|---|---|
| 1 | decimals | 将每一列数据四舍五入后的小数位数，可以是整数、字典和 Series 对象。如果是整数，则将每一列数据四舍五入为相同的小数位数，或者对指定的字典或 Series 对象设置小数位数 |
| 2 | *args | 附加的位置字参数 |
| 3 | **kwargs | 附加的关键字参数 |

通过 round()方法进行小数位数设置的代码如下所示。

```
01  import pandas as pd
02  df=pd.DataFrame({'A1':[1.7823,1.7653,1.7478,1.7259],
                     'A2':[1.6970,1.6732,1.6578,1.6432]
                    })
03  df
04  df.round(2)
05  df.round({'A1':2,'A2':1})
06  s = pd.Series([2,3],index=['A1','A2'])
07  df.round(s)
```

第 2 行代码创建一个 DataFrame 对象 df。

第 3 行代码查看 df 的原始数据，显示结果如图 6.2.1 所示，每 1 列数据都有 4 位小数。

第 4 行代码通过设置整数，将每一列数据都四舍五入为相同的小数位数，结果如图 6.2.2 所示，每 1 列数据保留 2 位小数。

| [3]: | A1 | A2 |
|---|---|---|
| 0 | 1.7823 | 1.6970 |
| 1 | 1.7653 | 1.6732 |
| 2 | 1.7478 | 1.6578 |
| 3 | 1.7259 | 1.6432 |

图 6.2.1　df 的原始数据

| [4]: | A1 | A2 |
|---|---|---|
| 0 | 1.78 | 1.70 |
| 1 | 1.77 | 1.67 |
| 2 | 1.75 | 1.66 |
| 3 | 1.73 | 1.64 |

图 6.2.2　变换 df，每一列数据保留 2 位小数

第 5 行代码传入字典，表示'A1'列数据保留 2 位小数，'A2'列数据保留 1 位小数，结果如图 6.2.3 所示。

第 6 行代码创建 Series 对象 s，将'A1'列初始化为 2，将'A2'列初始化为 3。

第 7 行代码对 df 按照参数 s 设置小数位数，显示结果如图 6.2.4 所示，'A1'列数据保留了 2 位小数，'A2'列数据保留了 3 位小数。

| [5]: | A1 | A2 |
|---|---|---|
| 0 | 1.78 | 1.7 |
| 1 | 1.77 | 1.7 |
| 2 | 1.75 | 1.7 |
| 3 | 1.73 | 1.6 |

图 6.2.3　根据字典设置 df 的小数位数

| [7]: | A1 | A2 |
|---|---|---|
| 0 | 1.78 | 1.697 |
| 1 | 1.77 | 1.673 |
| 2 | 1.75 | 1.658 |
| 3 | 1.73 | 1.643 |

图 6.2.4　设置 df 的小数位数

## 6.2.2　设置百分比

在数据分析过程中，有时候需要用到百分比数据。目前，没有方法可以直接将小数变换为百分数。所以，可以通过自定义变换函数将数据进行格式变换。处理后的数据就可以从小数变换成指定

小数位数的百分数形式，可以通过 map()方法和 format()方法完成。map()方法是 Series 对象的方法，其可以自动根据指定的变换函数遍历每一个数据，然后返回一个数据结构为 Series 对象的结果，语法格式如下所示。

```
Series.map(arg,na_action=None)
```

map()方法的参数说明如表 6.2.2 所示。

**表 6.2.2  map()方法的参数说明**

| 序号 | 参数 | 说明 |
|------|------|------|
| 1 | arg | 变换函数，可以是自定义的函数、lambda 匿名函数、字典或者 Series 对象 |
| 2 | na_action | 默认为 None。用于处理 NaN 对象，如果为 None 则不处理 NaN 对象；如果为 'ignore'则将 NaN 对象当作普通对象带入 arg |

format()方法是 Python 内置的字符串格式化方法。下面通过一个示例来说明如何通过指定数据格式将数据变换为百分比数据，代码如下所示。

```
01  import pandas as pd
02  df=pd.DataFrame({'B1':[0.8984,0.8673,0.8478],
                     'B2':[0.7964,0.7748,0.7578]
                    })
03  df['百分比1']=df['B1'].map(lambda x: format(x,'.1%'))  #新增1列'百分比1',保留1位小数
04  df['百分比2']=df['B2'].map(lambda x: format(x,'.2%'))  #新增1列'百分比2',保留2位小数
05  df
```

第 2 行代码创建一个 DataFrame 对象 df。

第 3 行代码给 df 新增 1 列'百分比 1',对'B1'列的数据通过 apply()方法指定的 lambda 函数的变换形式进行格式变换，并通过 format()方法设置保留 1 位小数。

第 4 行代码给 df 新增 1 列'百分比 2',对'B2'列的数据通过 map()方法指定的 lambda 函数的变换形式进行格式变换，并通过 format()方法设置保留 2 位小数。

第 5 行代码查看变换后的 df 的数据，显示结果如图 6.2.5 所示。

| [5]: | | B1 | B2 | 百分比1 | 百分比2 |
|------|---|------|------|--------|--------|
| | 0 | 0.8984 | 0.7964 | 89.8% | 79.64% |
| | 1 | 0.8673 | 0.7748 | 86.7% | 77.48% |
| | 2 | 0.8478 | 0.7578 | 84.8% | 75.78% |

图 6.2.5  增加两列百分比数据后 df 的结果

## 6.2.3  设置千位分隔符

在进行数据分析时，有时候根据业务要求，需要将数据变换为带千位分隔符的数据，变换后的数据类型为 object 类型。

将数据变换为带千位分隔符的数据的代码如下所示。

```
01  import pandas as pd
02  df=pd.DataFrame({'季度':[1, 2, 3, 4],
                     '销售额':[125678, 181050, 167432,194712]
                    })
03  df['销售额'] = df['销售额'].map(lambda x:format(int(x),','))
04  df
```

第 2 行代码创建一个 DataFrame 对象 df。

第 3 行代码将 df 的'销售额'列通过 map()方法指定的 lambda 函数的变换形式进行格式变换，并通过 format()方法设置为带千位分隔符。

第 4 行代码查看变换后的 df 的数据，显示结果如图 6.2.6 所示。

| [4]: | 季度 | 销售额 |
|---|---|---|
| 0 | 1 | 125,678 |
| 1 | 2 | 181,050 |
| 2 | 3 | 167,432 |
| 3 | 4 | 194,712 |

图 6.2.6  将'销售额'列变换为带千位分隔符的数据

## 任务实践 6-2：销售数据格式变换

微课视频

如图 6.2.7 所示，已知某销售额数据集（data/sale.csv），id 列为商品编号，2019 列表示 2019 年的销售额，2020 列表示 2020 年的销售额。要求计算 2020 年销售额相对于 2019 年销售额的增长百分比。

| id | 2019 | 2020 |
|---|---|---|
| x10001 | $1300000 | $1900000 |
| x10002 | $2000000 | $5000000 |
| x10003 | $18000000 | $16000000 |

图 6.2.7  某销售额数据集

从图 6.2.7 所示结果可以看出，2019 年和 2010 年的销售额数据都含有$符号，不能直接计算，要先进行数据类型和格式的预处理。要求计算的是增长百分比，对计算结果也需要进行格式变换。

完成本任务的完整代码如下所示。

```
01  import pandas as pd
02  df = pd.read_excel('data/sale.csv')
03  df[2019] = df[2019].str.split('$',expand=True).drop(0,axis=1)    #去
    除'2019'列数据中的'$'符号
04  df[2020] = df[2020].str.split('$',expand=True).drop(0,axis=1)    #去
    除'2020'列数据中的'$'符号
```

| 05 | df=df.astype({2019:'int64',2020:'int64'})                    #把'2019'列数据和 |
| | '2020'列数据变换为整数 |
| 06 | df['increment%'] = (df[2020] - df[2019]) / df[2019]         #计算增长百分比 |
| 07 | df['increment%']=df['increment%'].map(lambda x: format(x,'.2%'))  #设置为百 |
| | 分数并保留 2 位小数 |
| 08 | df.rename(columns={2019:'2019销售额($)',2020:'2020销售额($)'},inplace=True) |
| | #修改'2019'列和'2020'列的标签 |
| 09 | df['2019销售额($)'] = df['2019销售额($)'].map(lambda x:format(int(x),',')) |
| | #为'2019销售额($)'列数据设置千位分隔符 |
| 10 | df['2020销售额($)'] = df['2020销售额($)'].map(lambda x:format(int(x),',')) |
| | #为'2020销售额($)'列数据设置千位分隔符 |
| 11 | df |

第 2 行代码使用 pandas 的 read_excel()方法读取销售额数据集,并将结果保存到 DataFrame 对象 df 中。

第 3 行和第 4 行代码分别去除'2019'列数据和'2020'列数据中的'$'符号。

第 5 行代码把'2019'列数据和'2020'列数据变换为整数。

第 6 行代码计算 2020 年销售额相对于 2019 年销售额的增长百分比,并新增 1 列'increment%' 用于保存结果。

第 7 行代码将'increment%'列的数据设置为百分数并保留 2 位小数。为了计算增长百分比,去除 '$'符号,并保留数据的单位。

第 8 行代码修改'2019'列和'2020'列的标签,在标签后增加'$'符号,增加数据可读性。

第 9 行和第 10 行代码为'2019 销售额($)'列数据和'2020 销售额($)'列数据分别设置了千位分隔符。

第 11 行代码输出计算增长百分比后 df 的结果,如图 6.2.8 所示。

| [11]: | | id | 2019销售额($) | 2020销售额($) | increment% |
|---|---|---|---|---|---|
| | 0 | x10001 | 1,300,000 | 1,900,000 | 46.15% |
| | 1 | x10002 | 2,000,000 | 5,000,000 | 150.00% |
| | 2 | x10003 | 18,000,000 | 16,000,000 | -11.11% |

图 6.2.8　计算增长百分比后 df 的结果

从图 6.2.8 可以看出,和 2019 年相比,2020 年商品 x10001 的销售额增长了 46.15%,商品 x10002 的销售额增长了 150.00%,商品 x10003 的销售额下降了 11.11%。经过格式变换以后,数据集变得 更直观、可读性更强。

# 6.3　数据映射

在处理数据的时候,很多时候会遇到批量变换的情况,如果一个个去修改, 效率过低,也容易出错。pandas 提供了利用映射关系来批量实现某些操作的方法,主要包括用映射 替换数据和用映射变换数据等。

微课视频

**133**

### 6.3.1 用映射替换数据

在数据处理时，经常会遇到需要将数据结构中的原始数据根据实际需求替换成新数据的情况。要想用新数据替换原始数据，就需要定义一组映射关系。在映射关系中，将旧数据作为键，新数据作为值。用映射替换数据，需要用到 pandas 的 replace()方法，语法格式如下所示。

```
obj.replace(to_replace=None,value=None,inplace=False,limit=None,regex=Fa-lse,
method='pad')
```

replace()方法的参数说明如表 6.3.1 所示。

表 6.3.1 replace()方法的参数说明

| 序号 | 参数 | 说明 |
| --- | --- | --- |
| 1 | to_replace | 接收字符串、正则表达式、列表、字典、Series 对象、整数、浮点数或者 None，表示需要被替换的值 |
| 2 | value | 接收标量、字典、列表、字符串、正则表达式，用于替换的值 |
| 3 | inplace | 接收布尔值，默认为 False，表示在原始数据的副本上进行修改。如果设置为 True，将直接修改原始数据 |
| 4 | limit | 接收整数，默认为 None，用于限制填充次数 |
| 5 | regex | 布尔值，默认为 False。如果设置为 True，表示使用正则表达式 |
| 6 | method | 取值为 {'pad','ffill','bfill',None}，表示替换时使用的方法，与缺失值填充方法类似，当 to_replace 是标量、列表或元组时，值为 None |

#### 1. 替换指定的某个值

当用 replace()方法替换指定的某个值时，基本语法是：df.replace(to_replace,value)。前面是需要替换的值，后面是替换后的值。代码如下所示。

```
01  import pandas as pd
02  df=pd.DataFrame({'省':['河北省','广东省','四川省','江苏省'],
                     '市':['石家庄','广州市', '成都', '南京']
                    })
03  df
04  df.replace('广州市','广州')
```

第 2 行代码创建一个 DataFrame 对象 df。

第 3 行代码查看 df 的数据，如图 6.3.1 所示，城市名称中就'广州市'多了一个'市'。

第 4 行代码用 replace()方法将'广州市'替换为'广州'，显示结果如图 6.3.2 所示。

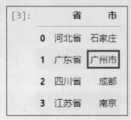

图 6.3.1 df 的数据

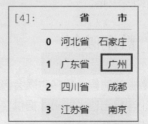

图 6.3.2 替换后 df 的数据

要注意这样的操作并没有改变原始数据，要改变原始数据需要设置 inplace = True。

**2. 替换指定的多个值**

当用 replace()方法替换指定的多个值时，可以用字典形式完成，基本语法是：df['标签'].replace({key:value})。'标签'表示 df 中要进行替换的数据列标签，字典的键作为原始值，字典的值作为替换的新值。代码如下所示。

```
01  import pandas as pd
02  df=pd.DataFrame({'学号':['001','002','003','004'],
                     '性别':['男','女', '女', '男'],
                     '年龄':[19,18, 20,19]
                    })
03  df
04  df['性别'].replace({'男':1,'女':0},inplace=True)
05  df
```

第 2 行代码创建一个 DataFrame 对象 df。

第 3 行代码查看 df 的数据，如图 6.3.3 所示。

第 4 行代码用 replace()方法将'男'替换为 1，'女'替换为 0，设置 inplace = True，直接改变 df。

第 5 行代码查看替换后 df 的数据，显示结果如图 6.3.4 所示。

图 6.3.3　df 的数据　　　　　　　　　图 6.3.4　替换后 df 的数据

**3. 使用正则表达式替换**

正则表达式很强大，能够让我们实现一次替换很多个不同的值。如果要使用正则表达式，需要指定参数 regex=True。6.1.1 小节的示例曾使用 astype()方法对金额数据进行类型变换，但是由于金额数据包含人民币符号，使用 astype()方法不能成功变换。接下来，通过使用正则表达式和字典形式完成去除人民币符号的操作，代码示例如下。

```
01  import pandas as pd
02  df = pd.read_csv('data/booksales.csv',sep=',')
03  df['价格']
04  df['价格'].replace({'\¥':''},regex=True,inplace=True)
05  df['价格']
```

第 2 行代码读取图书销售数据文件"booksales.csv"，并将其保存为 DataFrame 对象 df。

第 3 行代码查看 df 中'价格'列的数据，显示结果如图 6.3.5 所示。

第 4 行代码设置 regex=True，表示使用正则表达式。注意这里人民币符号前面加上斜线表示转义符号，结合字典形式，人民币符号被替换为空字符，从而实现对'价格'列的数据去除人民币符号的功能。

**135**

第 5 行代码再次查看'价格'列的数据，显示结果如图 6.3.6 所示。经过替换以后，df 中'价格'列的数据不再包含人民币符号，其数据类型仍然是 object 类型，接下来就可以使用 astype()方法变换数值类型了。

```
[3]: 0    ¥35
     1    ¥40
     2    ¥45
     3    ¥45
     4    ¥45
     Name: 价格, dtype: object
```

图 6.3.5　df 中'价格'列的数据

```
[5]: 0    35
     1    40
     2    45
     3    45
     4    45
     Name: 价格, dtype: object
```

图 6.3.6　替换后 df 中'价格'列的数据

## 6.3.2　用映射变换数据

### 1. 用映射变换行/列数据

在数据处理中，往往需要对行或者列数据进行变换，通过 DataFrame 对象的 apply()方法即可以将一个自定义函数作用于 DataFrame 对象的行或者列数据，其返回值为变换以后的 DataFrame 对象。基本语法如下所示。

```
DataFrame.apply(func,axis=0,broadcast=False,raw=False,reduce=None,args=(),
**kwds)
```

apply()方法的常用参数为前两个，如表 6.3.2 所示。

**表 6.3.2　apply()方法的常用参数说明**

| 序号 | 参数 | 说明 |
| --- | --- | --- |
| 1 | func | 变换函数，可以是自定义的函数或者 lambda 匿名函数 |
| 2 | axis | 默认为 0，表示对列进行操作。如果设置 axis=1，则表示对行进行操作 |

已知数据集中有身高和体重的数据，要计算每个人的 BMI（Body Mass Index，身体质量指数），它是体检时常用的指标，是衡量人体肥胖程度和是否健康的重要标准，计算公式是：BMI=体重/身高的平方（国际单位 $kg/m^2$）。成年人 BMI 的正常值为 18.5 ~ 23.9；如果 BMI 低于 18.5，则体重过轻；如果 BMI 高于 23.9，且低于 28，则体重过重；如果 BMI 高于 28，且低于 32，则属于肥胖；如果 BMI 高于 32，则属于非常肥胖。因为要计算每个人的 BMI，需要对每行数据进行操作，这里使用 axis=1 的 apply()方法进行操作，代码如下所示。

```
01  import pandas as pd
02  df = pd.read_excel('data/info.xls')
03  def BMI(series):
        weight = series['weight']
        height = series['height']/100
        BMI = weight/height**2
        return BMI
04  df['BMI'] = df.apply(BMI,axis=1)
05  df
```

第 2 行代码读取数据集"info.xls",并将结果保存到 DataFrame 对象 df 中。

第 3 行代码定义计算 BMI 的函数。

第 4 行代码通过 apply()方法按行(axis=1)应用 BMI()函数,在 apply()方法中传入函数名即可,不需要加(),并在 df 中新增一列'BMI'用于保存计算 BMI 的结果。

第 5 行代码输出计算以后 df 的结果,如图 6.3.7 所示。

| [5]: | height | weight | BMI |
|---|---|---|---|
| 0 | 167 | 71 | 25.458066 |
| 1 | 160 | 52 | 20.312500 |
| 2 | 172 | 55 | 18.591130 |
| 3 | 165 | 60 | 22.038567 |

图 6.3.7　df 中新增'BMI'列的计算结果

### 2. 用映射变换所有数据

在数据分析时,有时需要对 DataFrame 对象中的每个数据执行指定函数的操作,可以使用 applymap()方法来完成。applymap()方法直接接收一个指定函数,然后返回一个新的 DataFrame 对象。

applymap()方法的代码如下所示。

```
01  import pandas as pd
02  import numpy as np
03  df=pd.DataFrame({'A':np.random.random(5),#产生 5 个 0~1 的随机数
                     'B':np.random.random(5),
                     'C':np.random.random(5)
                   })
04  df
05  df2 = df.applymap(lambda x:x*100)    # 扩大 100 倍
06  df2
```

第 2 行代码导入 numpy 库,将其命名为 np。

第 3 行代码创建 DataFrame 对象 df,np.random.random(5)表示产生 5 个 0~1 的随机数。

第 4 行代码输出 df 的结果,如图 6.3.8 所示。

第 5 行代码通过 applymap()方法,接收一个匿名函数,将 df 的每个数据扩大 100 倍,并赋值给 df2 保存。

第 6 行代码输出 df2 的结果,如图 6.3.9 所示。

| [4]: | A | B | C |
|---|---|---|---|
| 0 | 0.525610 | 0.215867 | 0.430082 |
| 1 | 0.617604 | 0.297157 | 0.852695 |
| 2 | 0.208417 | 0.724704 | 0.585421 |
| 3 | 0.514564 | 0.949270 | 0.984478 |
| 4 | 0.586573 | 0.495550 | 0.865157 |

图 6.3.8　df 的结果

| [6]: | A | B | C |
|---|---|---|---|
| 0 | 52.561031 | 21.586698 | 43.008199 |
| 1 | 61.760404 | 29.715749 | 85.269508 |
| 2 | 20.841670 | 72.470426 | 58.542055 |
| 3 | 51.456357 | 94.927039 | 98.447823 |
| 4 | 58.657308 | 49.554982 | 86.515696 |

图 6.3.9　变换后 df2 的结果

### 任务实践6-3：分数变换为等级

微课视频

如图 6.3.10 所示，已知成绩数据表（data/score.xls），按照图 6.3.11 所示等级表的要求，将分数变换为等级，并在分数列后面添加等级列，变换后的成绩数据表重新保存为"score2.xls"。

| 1 | 编号 | 分数 |
|---|------|------|
| 2 | A001 | 88分 |
| 3 | A002 | 92分 |
| 4 | A003 | 76分 |
| 5 | A004 | 68分 |
| 6 | A005 | 72分 |
| 7 | A006 | 45分 |
| 8 | A007 | 95分 |
| 9 | A008 | 80分 |

图 6.3.10　成绩数据表

| 1 | 分数 | 等级 |
|---|--------|------|
| 2 | 90分及以上 | A |
| 3 | 80～89 | B |
| 4 | 70～79 | C |
| 5 | 60～69 | D |
| 6 | 60分以下 | E |

图 6.3.11　等级表

首先需要去掉成绩数据表中分数列数据的"分"字符，再将分数列数据转换为整数，然后进行分数到等级的映射变换，完成本任务的完整代码如下所示。

```
01  import pandas as pd
02  df=pd.read_excel('data/score.xls')
03  df['分数'] = df['分数'].replace({'分':''},regex=True)      #去掉'分数'列数据中的
    '分'字符
04  df=df.astype({'分数':'int64'})                          #将'分数'列数据变换为整数
05  # 定义将分数变换为等级的函数 grade()
    def grade(score):
        if score>=90:
            return 'A'
        elif score>=80:
            return 'B'
        elif score>=70:
            return 'C'
        elif score>=60:
            return 'D'
        else:
            return 'E'
06  df['等级']=df['分数'].apply(lambda x: grade(x))      # 新增'等级'列，其值为分数变
    换出的等级
07  df
08  df.to_excel('data/score2.xls')
```

第 2 行代码读取成绩数据表，并将其保存为 DataFrame 对象 df。

第 3 行代码去掉成绩数据表'分数'列数据中的'分'字符。

第 4 行代码将'分数'列数据转换为整数。

第 5 行代码定义分数到等级的映射函数 grade()。

第 6 行代码新增'等级'列，其值为分数变换出的等级。

第 7 行代码输出变换后的 df 结果，如图 6.3.12 所示。

第 8 行将变换后的 df 写入"socre2.xls"文件中，其结果如图 6.3.13 所示。

| [7]: | | 编号 | 分数 | 等级 |
|---|---|---|---|---|
| | 0 | A001 | 88 | B |
| | 1 | A002 | 92 | A |
| | 2 | A003 | 76 | C |
| | 3 | A004 | 68 | D |
| | 4 | A005 | 72 | C |
| | 5 | A006 | 45 | E |
| | 6 | A007 | 95 | A |
| | 7 | A008 | 80 | B |

图 6.3.12　变换后的 df 结果

| 1 | 编号 | 分数 | 等级 |
|---|---|---|---|
| 2 | A001 | 88 | B |
| 3 | A002 | 92 | A |
| 4 | A003 | 76 | C |
| 5 | A004 | 68 | D |
| 6 | A005 | 72 | C |
| 7 | A006 | 45 | E |
| 8 | A007 | 95 | A |
| 9 | A008 | 80 | B |

图 6.3.13　变换后的成绩数据表"score2.xls"

## 6.4　总结

本单元介绍了数据变换的常用操作，包括数据类型变换、数据格式变换和数据映射等。

本单元知识点的思维导图如下所示。

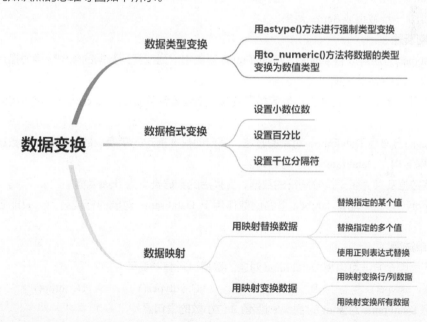

## 拓展实训：天气数据变换

如图 6.1 所示，已知 2021 年 10 月 1 日国内一些城市的天气和气温数据（data/weathers.xls）。按照图 6.2 所示的要求计算各城市的温差等级，并输出按照温差等级降序排列后的结果。最后筛选出天气为"晴"，且温差等级小于等于 2 的城市。

| 1 | 城市 | 气温 | 天气 |
|---|---|---|---|
| 2 | 北京 | 21℃/16℃ | 多云转阴 |
| 3 | 上海 | 30℃/22℃ | 晴 |
| 4 | 广州 | 34℃/24℃ | 小雨到大雨 |
| 5 | 深圳 | 33℃/27℃ | 晴 |
| 6 | 成都 | 28℃/21℃ | 阴 |
| 7 | 杭州 | 32℃/21℃ | 晴 |

图 6.1　国内一些城市的天气和气温数据

| 1 | 气温 | 温差等级 |
|---|---|---|
| 2 | 温差大于20℃ | 4 |
| 3 | 温差10℃~20℃ | 3 |
| 4 | 温差5℃~10℃ | 2 |
| 5 | 温差小于5℃ | 1 |

图 6.2　温差等级

# 课后习题

## 一、填空题

1. 数据变换的常用操作有（　　　　　）、（　　　　　）和（　　　　　）。

2. pandas 处理数据时，为了提高可读性，一般会对数据进行格式变换，如设置（　　　　　）、设置（　　　　　）和设置（　　　　　）等。

3. pandas 默认的整数类型为（　　　　　），浮点数类型为（　　　　　）。

4. 用映射变换 DataFrame 对象的行/列数据的方法是（　　　　　），用映射变换 DataFrame 对象的所有数据的方法是（　　　　　）。

5. pandas 中的（　　　　　）方法可以将传入的参数的类型直接变换为数值类型，参数可以是列表、元组、一维数组或 Series 对象。

## 二、判断题

1. astype()方法可以将 pandas 的 DataFrame 对象中一列或多列数据的类型变换为指定的数据类型，返回值为变换后的数据。　　　　　　　　　　　　　　　　　　　（　　　）

2. 调用 to_numeric()方法进行数值类型变换，当设置参数 errors='coerce'时，字符串会被变换为 NaN。　　　　　　　　　　　　　　　　　　　　　　　　　　　　　（　　　）

3. map()方法是 DataFrame 对象的方法，其自动根据指定的变换函数遍历每一个数据，然后返回一个数据结构为 DataFrame 对象的结果。　　　　　　　　　　　　　　　（　　　）

4. 将数据变换为带千位分隔符的数据，变换后的数据类型为 float 类型。　（　　　）

5. apply()方法不能将 lambda 匿名函数作用于 DataFrame 对象的行或者列，只能应用自定义函数。　　　　　　　　　　　　　　　　　　　　　　　　　　　　　　（　　　）

## 三、单选题

1. 下面哪个方法可以将 DataFrame 对象的数据进行强制类型变换？（　　　）

　　A．astype()　　　　　B．dtype()　　　　　C．dtypes()　　　　　D．drop()

2. 将 DataFrame 对象 df 的'身高'列保留 2 位小数的语句是（　　　）。

　　A．df['身高'].format('.2')　　　　　　　　B．df['身高'].round(2)

　　C．df['身高'].round(0:2)　　　　　　　　D．df['身高'].round('2')

3. 将 DataFrame 对象 df 的'百分比'列设置为百分比，并且保留 2 位小数的语句是（　　　）。

　　A．df['百分比'].format('.2%')

    B. df['百分比'].map(format('.2%'))

    C. df[百分比].map(format(.2%))

    D. df['百分比'].map(lambda x: format(x,'.2%'))

4. 用 replace()方法将 DataFrame 对象 df 中'性别'列的'男'替换为 1，'女'替换为 0 的语句是（    ）。

    A. df['性别'].replace('男',1, '女',0)

    B. df['性别'].replace('男',1, '女',0,inplace=True)

    C. df['性别'].replace({'男':1, '女':0},inplace=True)

    D. df['性别'].replace(['男':1, '女':0],inplace=True)

5. 去除 DataFrame 对象 df 中'价格'列的'￥'符号的语句是（    ）。

    A. df['价格'].replace({'￥': ''})

    B. df['价格'].replace({'￥': ''},inplace=True)

    C. df['价格'].replace({'\￥': ''},inplace=True)

    D. df['价格'].replace({'\￥': ''},regex=True,inplace=True)

6. 对 DataFrame 对象 df 的所有数据进行平方运算的语句是（    ）。

    A. df2 = df.apply(lambda x:x**2)

    B. df2 = df.applymap(lambda x:x**2)

    C. df2 = df.apply(lambda x:x*2)

    D. df2 = df.applymap(lambda x:x*2)

**四、编程题**

如图 6.3 所示，已知人员身高信息表（data/height.xls），计算所有人员的平均身高（单位：m），结果保留 2 位小数。（提示：计算平均身高可以使用 numpy 库的 mean()方法，结果保留指定小数位数可以使用 float()方法。）

| 1 | 学号 | 性别 | 身高 |
|---|------|------|-------|
| 2 | s001 | 男 | 170cm |
| 3 | s002 | 男 | 172cm |
| 4 | s003 | 女 | 165cm |
| 5 | s004 | 男 | 168cm |
| 6 | s005 | 男 | 170cm |
| 7 | s006 | 女 | 158cm |
| 8 | s007 | 男 | 178cm |
| 9 | s008 | 女 | 156cm |

图 6.3　人员身高信息表

**141**

# 单元 7

# 数据描述

## 07

### 学习目标

✧ 掌握数据的统计计算的常用方法

✧ 掌握数据的分组和聚合的原理和方法

✧ 掌握 matplotlib 库的安装和使用

✧ 掌握常用的数据可视化图表的制作

行到水穷处，坐看云起时。

——[唐] 王维

这句诗出自王维的《终南别业》，通过这一行、一到、一坐、一看的描写，表现出王维淡逸的天性和超然物外的风采，虽然这是王维写的自己散步中的一件小事，却可暗喻人生中种种情境。在学习和生活中，我们总是会遇到各种各样的困难，即使我们用尽全力，似乎也很难达到想要的效果，不妨如王维一般，学会气定神闲，顺势而为，成功会离我们越来越近。

数据描述是指通过计算统计量来描述数据的整体情况，或者通过绘制统计图表来描述数据的分布特征。数据描述是进行数据分析的基础。

## 7.1 数据的统计计算

微课视频

要对数据进行定量描述，就需要用到统计计算。pandas 提供了丰富的统计计算方法，可以统计数据的和、均值、最大值/最小值、中位数、众数、方差、标准差和分位数等。直接使用 pandas 提供的这些方法，可以使得数据的统计计算变得简单、高效。

### 7.1.1 统计数据的和

可以通过 DataFrame 对象的 sum()方法统计行/列数据的和，语法格式如下所示。

```
DataFrame.sum(axis=None, skipna=None, level=None, numeric_only=None, **kwargs)
```

sum()方法的返回值为 Series 或者 DataFrame 对象，包含行/列数据的和。sum()方法的常用参数说明如表 7.1.1 所示。

**表 7.1.1　sum()方法的常用参数说明**

| 序号 | 参数 | 说明 |
|---|---|---|
| 1 | axis | 默认 axis=0，表示按列相加；若设置 axis=1，表示按行相加 |
| 2 | skipna | 默认 skipna=1，表示如果有 NaN 值则自动转换为 0；若设置 skipna=0，表示 NaN 值不自动转换 |

已知工资数据集（data/工资.csv），以该数据集为例，统计数据的和的代码如下所示。

```
01  import pandas as pd
02  df = pd.read_csv('data/工资.csv',engine='python',encoding='utf-8')
03  df
04  df['总收入'] = df.sum(axis=1)      #按行计算，统计每个员工的收入总和
05  df
06  df.loc[5]=df.sum()                #按列计算，统计每项收入总和
07  df
```

第 2 行代码读取工资数据集，因为文件名中有中文，所以设置了 engine='python'；因为数据集内容包含中文，所以设置了 encoding='utf-8'，其返回值保存为 DataFrame 对象 df。

第 3 行代码输出 df 的数据，如图 7.1.1 所示。

在第 4 行代码中，df 增加 1 列'总收入'，通过调用 sum()方法统计数据的和，axis=1 表示按行计算，即统计每个员工的收入总和。

第 5 行代码显示'总收入'列的数据，如图 7.1.2 所示。

在第 6 行代码中，df 新增 1 行数据，其中每个值为按列计算的和，即每项收入的总和。

第 7 行代码输出 df 新增 1 行数据的结果，如图 7.1.3 所示。

图 7.1.1　df 的数据

图 7.1.2　'总收入'列的数据

图 7.1.3　df 新增 1 行数据的结果

**143**

### 7.1.2 统计数据的均值

可以通过 DataFrame 对象的 mean()方法统计行/列数据的均值，语法格式如下。

```
DataFrame.mean(axis=None, skipna=None, level=None, numeric_only=None,
**kwargs)
```

mean()方法的返回值为 Series 或者 DataFrame 对象，包含行/列数据的均值。mean()方法的常用参数说明如表 7.1.2 所示。

**表 7.1.2　mean()方法的常用参数说明**

| 序号 | 参数 | 说明 |
|------|------|------|
| 1 | axis | 默认 axis=0，表示按列统计数据的均值；若设置 axis=1，表示按行统计数据的均值 |
| 2 | skipna | 默认 skipna=1，表示如果有 NaN 值则自动转换为 0；若设置 skipna=0，表示 NaN 值不自动转换 |

以工资数据集（data/工资.csv）为例，统计数据的均值的代码如下所示。

```
01  import pandas as pd
02  df = pd.read_csv('data/工资.csv',engine='python',encoding='utf-8')
03  df['平均收入'] = df.mean(axis=1).round(2) #按行计算，统计每个员工的平均收入，保
    留 2 位小数
04  df
05  df.loc[5]=df.mean()                      #按列计算，统计每项的平均收入
06  df
```

第 2 行代码读取工资数据集，并将其保存为 DataFrame 对象 df。

在第 3 行代码中，df 增加 1 列'平均收入'，通过调用 mean()方法统计数据的均值，axis=1 表示按行计算，round(2)表示保留 2 位小数。

第 4 行代码显示'平均收入'列的数据，如图 7.1.4 所示。

| [4]: | | 底薪 | 补贴 | 奖金 | 平均收入 |
|------|---|------|------|------|----------|
| | **0** | 5000 | 2000 | 1000 | 2666.67 |
| | **1** | 3500 | 1000 | 1500 | 2000.00 |
| | **2** | 4500 | 1500 | 2000 | 2666.67 |
| | **3** | 4200 | 1200 | 1000 | 2133.33 |
| | **4** | 4500 | 1500 | 1000 | 2333.33 |

图 7.1.4　'平均收入'列的数据

在第 5 行代码中，df 新增 1 行数据，其中每个值为按列计算的均值，即每项收入的均值。

第 6 行代码输出 df 新增 1 行数据的结果，如图 7.1.5 所示。

图 7.1.5　df 增加 1 行数据的结果

### 7.1.3　统计数据的最大值/最小值

可以通过 DataFrame 对象的 max()方法统计行/列数据的最大值，min()方法统计行/列数据的最小值，语法格式如下所示。

```
01  DataFrame.max(axis=None, skipna=None, level=None, numeric_only=None, **
    kwargs)
02  DataFrame.min(axis=None, skipna=None, level=None, numeric_only=None, **
    kwargs)
```

max()方法的返回值为 Series 或者 DataFrame 对象，包含行/列数据的最大值；min()方法的返回值为 Series 或者 DataFrame 对象，包含行/列数据的最小值。max()/min()方法的常用参数说明如表 7.1.3 所示。

**表 7.1.3　max()/min()方法的常用参数说明**

| 序号 | 参数 | 说明 |
|---|---|---|
| 1 | axis | 默认 axis=0，表示按列统计数据的最大值/最小值；若设置 axis=1，表示按行统计数据的最大值/最小值 |
| 2 | skipna | 默认 skipna=1，表示如果有 NaN 值则自动转换为 0；若设置 skipna=0，表示 NaN 值不自动转换 |

同样，以工资数据集（data/工资.csv）为例，统计数据的最大值/最小值的代码如下所示。

```
01  import pandas as pd
02  df = pd.read_csv('data/工资.csv',engine='python',encoding='utf-8')
03  max = df.max()                        #按列统计最大值
04  #增加 1 行数据，分别为底薪、补贴和奖金每项的最大值，重新排列行标签
    df.append(max,ignore_index=True)
05  min=df.min()                          #按列统计最小值
06  #增加 1 行数据，分别为底薪、补贴和奖金每项的最小值，重新排列行标签
    df.append(min,ignore_index=True)
```

第 2 行代码读取工资数据集，并将其保存为 DataFrame 对象 df。

第 3 行代码按列统计最大值，并将其保存到 max 中。

在第 4 行代码中，df 通过 append()方法连接 max，增加 1 行数据，分别为底薪、补贴和奖金每项的最大值，ignore_index=True 表示重新排列行标签，显示结果如图 7.1.6 所示。

第 5 行代码按列统计最小值，并将结果保存到 min 中。

在第 6 行代码中，df 通过 append()方法连接 min，增加 1 行数据，分别为底薪、补贴和奖金每项的最小值，ignore_index=True 表示重新排列行标签，显示结果如图 7.1.7 所示。

| [4]: | | 底薪 | 补贴 | 奖金 |
|---|---|---|---|---|
| | 0 | 5000 | 2000 | 1000 |
| | 1 | 3500 | 1000 | 1500 |
| | 2 | 4500 | 1500 | 2000 |
| | 3 | 4200 | 1200 | 1000 |
| | 4 | 4500 | 1500 | 1000 |
| max | 5 | 5000 | 2000 | 2000 |

图 7.1.6　df 增加 1 行最大值

| [6]: | | 底薪 | 补贴 | 奖金 |
|---|---|---|---|---|
| | 0 | 5000 | 2000 | 1000 |
| | 1 | 3500 | 1000 | 1500 |
| | 2 | 4500 | 1500 | 2000 |
| | 3 | 4200 | 1200 | 1000 |
| | 4 | 4500 | 1500 | 1000 |
| min | 5 | 3500 | 1000 | 1000 |

图 7.1.7　df 增加 1 行最小值

## 7.1.4　统计数据的中位数

中位数又称中值，是统计学中的专有名词。中位数是按顺序排列的一组数据中居于中间位置的数，代表一个样本、种群或概率分布中的一个数据，其可将数据集合划分为数据个数相等的上下两部分。当数据个数为奇数时，可以通过把所有数据排序后找出正中间的一个作为中位数。当数据个数为偶数时，通常取最中间的两个数据的均值作为中位数。

可以通过 DataFrame 对象的 median()方法统计行/列数据的中位数，语法格式如下。

```
DataFrame.median(axis=None, skipna=None, level=None, numeric_only=None,
**kwargs)
```

median()方法的返回值为 Series 或者 DataFrame 对象，包含行/列数据的中位数，该方法的常用参数说明如表 7.1.4 所示。

表 7.1.4　median()方法的常用参数说明

| 序号 | 参数 | 说明 |
|---|---|---|
| 1 | axis | 默认 axis=0，表示按列统计数据的中位数；若设置 axis=1，表示按行统计数据的中位数 |
| 2 | skipna | 默认 skipna=1，表示如果有 NaN 值则自动转换为 0；若设置 skipna=0，表示 NaN 值不自动转换 |

以工资数据集（data/工资.csv）为例，统计数据的中位数的代码如下所示。

```
01    import pandas as pd
02    df = pd.read_csv('data/工资.csv',engine='python',encoding='utf-8')
03    df.sort_values(by='底薪',ascending=False)    #按底薪降序排列
04    df.median()                                  #按列统计底薪、补贴和奖金每项的中位数
```

```
05 | df.loc[5]=[4000,900,800]                    #新增 1 行
06 | df.sort_values(by='底薪',ascending=False)   #按底薪降序排列
07 | df.median()                                 #按列统计底薪、补贴和奖金每项的中位数
```

第 2 行代码读取工资数据集，并将其保存为 DataFrame 对象 df。

第 3 行代码将 df 按底薪降序排列，输出结果如图 7.1.8 所示。

第 4 行代码按列统计底薪、补贴和奖金每项的中位数，输出结果如图 7.1.9 所示，由于有奇数行数据，中位数正好是排序后位于中间的数据，即图 7.1.8 中行标签为 4 的这一行的数据。

第 5 行代码为 df 新增 1 行数据，使得 df 具有偶数行数据。

第 6 行代码按底薪降序，输出结果如图 7.1.10 所示。

第 7 行代码按列统计 df 新增 1 行数据后的底薪、补贴和奖金每项的中位数，输出结果如图 7.1.11 所示。由于现在有偶数行数据，中位数正好是重新排序后每项最中间两个数据的均值。

图 7.1.8　df 按底薪降序排列的结果

图 7.1.9　df 的中位数

图 7.1.10　df 新增 1 行后按底薪降序排列的结果

图 7.1.11　df 新增 1 行数据后的中位数

## 7.1.5　统计数据的众数

众数是指在统计分布上具有明显集中趋势点的数值，代表数据的一般水平，是一组数据中出现次数最多的数值。

可以通过 DataFrame 对象的 mode() 方法统计行/列数据的众数，语法格式如下所示。

```
DataFrame.mode(axis=0, numeric_only=False, dropna=True)
```

mode() 方法的返回值为 Series 或者 DataFrame 对象，包含行/列数据的众数。注意，mode() 方法返回的是一个对象，如果需要取数值，还需要用 loc[] 方法通过标签获取数值。mode() 方法的参数说明如表 7.1.5 所示。

**表 7.1.5　mode()方法的参数说明**

| 序号 | 参数 | 说明 |
|---|---|---|
| 1 | axis | 默认 axis=0，表示按列操作；若设置 axis=1，表示按行操作 |
| 2 | numeric_only | 默认为 False。如果为 True，则仅适用于数字列 |
| 3 | dropna | 布尔值，默认为 True，不考虑缺失值的计数 |

同样，以工资数据集（data/工资.csv）为例，统计底薪、补贴和奖金每项的众数的代码如下所示。

```
01   import pandas as pd
02   df = pd.read_csv('data/工资.csv',engine='python',encoding='utf-8')
03   df.mode()                              #统计底薪、补贴和奖金每项的众数
```

第 2 行代码读取工资数据集，并将其保存为 DataFrame 对象 df。

第 3 行代码统计底薪、补贴和奖金每项的众数，输出结果如图 7.1.12 所示，底薪出现最多的是 4500，补贴出现最多的是 1500，奖金出现最多的是 1000。

图 7.1.12　df 的众数

### 7.1.6　统计数据的方差和标准差

方差和标准差都可以用来衡量一组数据的离散程度。方差是各组数据与它们均值的差的平方，标准差是方差的平方根。方差能反映数据和均值的绝对差异，但是标准差和均值的量纲（单位）必须是一致的，在描述一个数据的波动范围时，标准差比方差更方便。

可以通过 DataFrame 对象的 var()方法统计行/列数据的方差，通过 std()方法统计行/列数据的标准差，语法格式如下所示。

```
01   DataFrame.var(axis=None,skipna=None,level=None,ddof=1,  numeric_only=Non
     e,**kwargs)
02   DataFrame.std(axis=None,skipna=None,level=None,ddof=1,  numeric_only=Non
     e,**kwargs)
```

var()方法的返回值为 Series 或者 DataFrame 对象，包含每行/列数据的方差。std()的返回值为 Series 或者 DataFrame 对象，包含每行/列数据的标准差。它们的常用参数说明如表 7.1.6 所示。

**表 7.1.6　var()和 std()方法的常用参数说明**

| 序号 | 参数 | 说明 |
|---|---|---|
| 1 | axis | 默认 axis=0，表示按列操作；若设置 axis=1，表示按行操作 |
| 2 | skipna | 默认为 True，排除 NaN/NULL。如果整个行/列数据均为 NaN，则结果为 NaN |
| 3 | numeric_only | 布尔值，默认为 None。如果为 True，则仅包括浮点数、整数、布尔值列；如果为 False，则列应全部为数字或全部为非数字 |

同样，以工资数据集（data/工资.csv）为例，统计底薪、补贴和奖金每项的方差和标准差的代码如下所示。

```
01   import pandas as pd
02   df = pd.read_csv('data/工资.csv',engine='python',encoding='utf-8')
03   df.var()                        #统计底薪、补贴和奖金每项的方差
04   df.std()                        #统计底薪、补贴和奖金每项的标准差
```

第 2 行代码读取工资数据集，并将其保存为 DataFrame 对象 df。

第 3 行代码统计底薪、补贴和奖金每项的方差，输出结果如图 7.1.13 所示。第 4 行代码统计底薪、补贴和奖金每项的标准差，输出结果如图 7.1.14 所示。正如前文所述，标准差能更直观地反映数据的波动范围，图 7.1.14 所示的结果能更直观地反映底薪、补贴和奖金每项数据的波动范围。

```
[3]:  底薪     303000.0
      补贴     143000.0
      奖金     200000.0
      dtype: float64
```

图 7.1.13  df 的方差

```
[4]:  底薪     550.454358
      补贴     378.153408
      奖金     447.213595
      dtype: float64
```

图 7.1.14  df 的标准差

### 7.1.7  统计数据的分位数

分位数，亦称分位点，是指将一组数据划分为几个等份的数值点，常用的有中位数（二分位数或 50%分位数）、四分位数（25%分位数）、百分位数等。分位数一般可以取 0~1 的任意值。

可以通过 DataFrame 对象的 quantile()方法统计数据的分位数，语法格式如下所示。

```
DataFrame.quantile(q=0.5, axis=0, numeric_only=True, interpolation='linear')
```

quantile()方法的返回值为 Series 或者 DataFrame 对象，包含每行/列数据的分位数，该方法的参数说明如表 7.1.7 所示。

表 7.1.7  quantile()方法的参数说明

| 序号 | 参数 | 说明 |
|------|------|------|
| 1 | q | 数字或者类列表，范围只能为 0~1，默认是 0.5，即 50%分位数 |
| 2 | axis | 默认 axis=0，表示按列操作；若设置 axis=1，表示按行操作 |
| 3 | numeric_only | 布尔值，默认为 None。如果为 True，则仅包括浮点数、整数、布尔值列；如果为 False，则列应全部为数字或全部为非数字 |
| 4 | interpolation | 插值方法，可以是{'linear','lower','higher','midpoint','nearest'}中的任意值，默认是'linear'。<br>当选中的分位数位于两个数据 i 和 j 之间时，这 5 个插值方法的说明如下。<br>'linear'：$i + (j - i) * fraction$, fraction 为计算得到的 pos 的小数部分。<br>'lower'：i。<br>'higher'：j。<br>'midpoint'：$(i + j) / 2$。<br>'nearest'：i 或 j，以最接近的为准 |

已知某部门销售人员的销售额数据集（data/销售额.xls），如果要淘汰销售额最差的 20%的人员，则可以根据分位数确定要淘汰的人员。首先通过 quantile()方法计算 20%分位数，然后筛选出销售额小于或等于该分位数的人员，代码如下所示。

```
01  import pandas as pd
02  df = pd.read_excel('data/销售额.xls')
03  df.head()                              # 输出 df 的前 5 行数据
04  x=df['销售额'].quantile(0.2)               # 计算销售额的 20%分位数
05  x                                    # 输出分位数
06  df[df['销售额'] <= x]                      # 筛选小于或等于分位数的数据
```

第 2 行代码读取销售额数据集，并将其保存为 DataFrame 对象 df。

第 3 行代码输出 df 的前 5 行数据，如图 7.1.15 所示。

第 4 行代码调用 quantile()方法计算销售额的 20%分位数。

第 5 行代码输出分位数，如图 7.1.16 所示。第 6 行代码筛选小于或等于分位数的数据，如图 7.1.17 所示。

| [3]: | | 编号 | 销售额 |
|---|---|---|---|
| **0** | | e01 | 5525 |
| **1** | | e02 | 6800 |
| **2** | | e03 | 8650 |
| **3** | | e04 | 4520 |
| **4** | | e05 | 2580 |

图 7.1.15　df 的前 5 行数据

[5]: 3048.0

图 7.1.16　20%分位数

| [6]: | | 编号 | 销售额 |
|---|---|---|---|
| **4** | | e05 | 2580 |
| **6** | | e07 | 2736 |
| **12** | | e13 | 2048 |
| **14** | | e15 | 1960 |

图 7.1.17　小于或等于分位数的数据

从图 7.1.17 的结果得知，即将被淘汰的人员有 4 名，分别是编号 e05，销售额为 2580；编号 e07，销售额为 2736；编号 e13，销售额为 2048；编号 e15，销售额为 1960。

## 任务实践 7-1：成绩表数据的统计计算

微课视频

已知某班同学 Python 程序设计课程的成绩表 data/python 成绩表.xls，现在要求统计成绩表数据的平均分、最高分、最低分、标准差、中位数、众数，然后将这些值附加在成绩表后面，并根据分位数淘汰后 10%的同学，输出这些同学的学号和成绩。

任务分析：首先需要读取成绩表数据并保存为 DataFrame 对象，由于要计算的统计值要附加在成绩表最后，还需要另一个 DataFrame 对象专门保存原始的成绩表数据，然后将计算出的统计值依次附加到原来的 DataFrame 对象后，并写入文件保存。最后通过计算 10%分位数，筛选出要淘汰的同学。

完成本任务的代码如下所示。

```
01  import pandas as pd
02  df = pd.read_excel('data/成绩表.xls')
03  df2=df.loc[0:30]                        #将成绩表数据保存到对象 df2 中
```

```
04   df.loc[31]=['平均分',df2['Python'].mean()]              #统计成绩表数据的平均分
05   df.loc[32]=['最高分',df2['Python'].max()]               #统计成绩表数据的最高分
06   df.loc[33]=['最低分',df2['Python'].min()]               #统计成绩表数据的最低分
07   df.loc[34]=['标准差',df2['Python'].std()]               #统计成绩表数据的标准差
08   df.loc[35]=['中位数',df2['Python'].median()]            #统计成绩表数据的中位数
09   df.loc[36]=['众数',df2['Python'].mode().loc[0]]         #统计成绩表数据的众数
10   df.loc[31:36]                                           # 输出所有统计值
11   df.to_excel('data/成绩表2.xls')        #将包含统计值的数据写入文件"成绩表2.xls"中
12   x = df.loc[0:30,'Python'].quantile(0.1)         #计算10%分位数
13   x                                               #输出 x
14   df2[df2['Python'] <= x]              #筛选出要淘汰的同学
```

第 2 行代码读取成绩表数据，并将其保存为 DataFrame 对象 df。由于 df 要不断附加统计值，所以 df 的值是不断变化的，要保留原始数据就需要再增加一个 DataFrame 对象。

第 3 行代码将成绩表数据保存到 df2 中，df2 的数据和 df 是一样的。

第 4~9 行代码，依次计算成绩表数据的平均分、最高分、最低分、标准差、中位数、众数，将这些值依次附加在 df 后面。由于统计众数的 mode()方法返回的是 DataFrame 对象，所以第 9 行代码增加.loc[0]以获取众数的值。

第 10 行代码通过 df.loc[31:36] 切片输出所有附加在 df 的第 31~36 行的统计值，如图 7.1.18 所示。

第 11 行代码将包含统计值的数据写入文件"成绩表2.xls"中。

第 12 行代码计算 10%分位数，并保存到变量 x。

第 13 行代码输出 x 的值，如图 7.1.19 所示，10%分位数的成绩为 68.0。

第 14 行代码通过条件筛选，找出小于等于 x 的成绩，即可找出要淘汰的同学，如图 7.1.20 所示，要淘汰的有 4 名同学，分别为学号 s202109，成绩为 68；学号 s202115，成绩为 68；学号 s202120，成绩为 62；学号 s202125，成绩为 68。

| | 学号 | Python |
|---|---|---|
| 31 | 平均分 | 83.00000 |
| 32 | 最高分 | 96.00000 |
| 33 | 最低分 | 62.00000 |
| 34 | 标准差 | 8.85905 |
| 35 | 中位数 | 85.00000 |
| 36 | 众数 | 85.00000 |

图 7.1.18　附加在 df 的第 31~36 行的统计值

[13]: 68.0

图 7.1.19　10%分位数的成绩

| | 学号 | Python |
|---|---|---|
| 8 | s202109 | 68 |
| 14 | s202115 | 68 |
| 19 | s202120 | 62 |
| 24 | s202125 | 68 |

图 7.1.20　要淘汰的同学

微课视频

# 7.2 数据的分组和聚合

在数据处理的过程中，很多工作需要根据不同的分析需求对数据进行统计。比如需要统计某类数据的出现次数，或者需要按照不同级别来分别统计，等等。为满足这些需求，比较常用的方法有分组和聚合。pandas 完美支持了这样的功能。掌握好 pandas 中的这些功能，可以使数据处理的效率大大提高。

## 7.2.1 数据的分组

在日常的数据分析中，经常需要将数据根据某个（多个）字段划分为不同的群体（组）进行分析。例如，电商领域将全国的总销售额根据区域进行划分，分析各区域销售额的变化情况；社交领域将用户根据画像（性别、年龄）进行细分，研究用户的行为数据和兴趣偏好等。在 pandas 中，上述的数据分组操作主要运用 groupby()方法完成，语法格式如下所示。

```
DataFrame.groupby(by=None, axis=0, level=None, as_index=True, sort=True, group_keys=
True, squeeze=NoDefault.no_default, observed=False, dropna=True)
```

需要注意的是，groupby()方法返回的结果是一个 DataFrameGroupBy 对象，而不是一个 DataFrame 或者 Series 对象，所以，它们中的一些方法或者函数是无法直接调用的，需要按照 DataFrameGroupBy 对象中具有的函数和方法进行调用。通过这个 DataFrameGroupBy 对象调用 get_group()方法，返回的则是一个 DataFrame 对象，所以可以认为 DataFrameGroupBy 对象是由多个 DataFrame 对象组成的。

groupby()方法的常用参数说明如表 7.2.1 所示。

**表 7.2.1　groupby()方法的常用参数说明**

| 序号 | 参数 | 说明 |
| --- | --- | --- |
| 1 | by | 映射、函数、标签或标签列表，用于确定聚合的组 |
| 2 | axis | 默认为 0，设置为 0 或'index'，表示按行操作；设置为 1 或'columns'，表示按列操作 |
| 3 | as_index | 布尔值，默认为 True，返回以组标签为索引的对象。若为 False 则不以组标签为索引 |

已知一些公司员工的月薪数据集（data/月薪.csv），要求统计不同公司的平均月薪及不同公司男员工和女员工的平均月薪，代码如下所示。

```
01    import pandas as pd
02    df = pd.read_csv('data/月薪.csv',engine='python',encoding='utf-8')
03    df.groupby(['公司'])['月薪'].mean()              # 按公司分组统计平均月薪
04    df.groupby(['公司','性别'])['月薪'].mean()        # 按公司和性别分组统计平均月薪
```

第 2 行代码读取 data 目录下的"月薪.csv"，并将其保存为 DataFrame 对象 df。

第 3 行代码按公司先分组，再调用 mean()方法统计平均月薪，输出结果如图 7.2.1 所示。

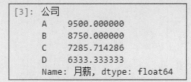

```
[3]: 公司
     A    9500.000000
     B    8750.000000
     C    7285.714286
     D    6333.333333
     Name: 月薪, dtype: float64
```

图 7.2.1　按公司分组统计平均月薪

第 4 行代码按公司和性别先分组，再调用 mean()方法统计平均月薪，输出结果如图 7.2.2 所示。

```
[4]: 公司  性别
     A    女      9000.000000
          男     10000.000000
     B    女      8000.000000
          男      9000.000000
     C    女      7000.000000
          男      7666.666667
     D    女      6000.000000
          男      7000.000000
     Name: 月薪, dtype: float64
```

图 7.2.2　按公司和性别分组统计平均月薪

### 7.2.2　数据的聚合

聚合是分组后非常常见的操作。聚合可以用来求和、均值、最大值、最小值等。在 pandas 中，可以利用 agg()方法来完成聚合，其返回值为 DataFrame 对象，语法格式如下。

```
DataFrame.agg(func, axis=0, *args, **kwargs)
```

agg()方法按行/列对数据进行聚合操作，常用参数说明如表 7.2.2 所示。

表 7.2.2　agg()方法的常用参数说明

| 序号 | 参数 | 说明 |
| --- | --- | --- |
| 1 | func | 函数、函数名称、函数列表、字典{'行名/列名': '函数名'} |
| 2 | axis | 默认为 0，设置为 0 或'index'，表示按行操作；设置为 1 或'columns'，表示按列操作 |

表 7.2.3 列出了 pandas 中常见的聚合操作函数。

表 7.2.3　常见的聚合操作函数

| 序号 | 函数 | 说明 |
| --- | --- | --- |
| 1 | count() | 求分组中非 NaN 值的数量 |
| 2 | sum() | 求非 NaN 值的和 |
| 3 | mean() | 求非 NaN 值的均值 |
| 4 | median() | 求非 NaN 值的中位数 |
| 5 | std()、var() | 求标准差和方差 |
| 6 | min()、max() | 求非 NaN 值的最小值、最大值 |
| 7 | prod() | 求非 NaN 值的乘积 |
| 8 | first()、last() | 求非 NaN 值的第一个值、最后一个值 |

继续使用 7.2.1 小节的月薪数据集（data/月薪.csv），要求统计不同公司的男员工和女员工的数量、平均收入，以及月薪最高值和最低值，并将统计结果保存到文件"月薪 2.xls"中，代码示例如下。

```
05  #按公司统计男和女员工的数量
    df2=df.groupby(['公司','性别'], as_index=False).agg('count')
```

```
06   df2.columns=['公司','性别','数量']          #修改 df2 的列标签
07   df2
     #按公司统计男和女员工的平均、最高和最低月薪
08   df3 = df.groupby(['公司','性别'], as_index=False).agg({'月薪':['mean',
     'max','min']})
09   df3.columns=['公司','性别','平均月薪','最高月薪','最低月薪']     #修改 df3 的列标签
10   df3
     #合并 df2 和 df3，没有指定 on，则用两个对象交集的列标签作为连接键值
11   cont = pd.merge(df2,df3,how='inner')
12   cont
13   cont['平均月薪']=cont['平均月薪'].round(2)     # '平均月薪'列保留两位小数
14   cont.to_excel('data/月薪 2.xls',index=None)   # 写入文件"data/月薪 2.xls"中
```

第 5 行代码按公司分组统计男员工和女员工的数量，调用 agg()方法，方法里面传递了 count()函数用于统计分组后的员工数量，通过设置 as_index=False，按整数下标对聚合后的数据重新设置行标签，并将完成聚合的结果保存到对象 df2 中。

第 6 行代码更改 df2 的列标签。

第 7 行代码输出 df2 的结果，如图 7.2.3 所示。

第 8 行代码统计不同公司的男员工和女员工的平均月薪、最高月薪和最低月薪，调用 agg()方法，方法里面传递了字典，对'月薪'分别应用 mean()、max()和 min()函数，通过设置 as_index=False，按整数下标对聚合后的数据重新设置行标签，并将完成聚合的结果保存到对象 df3 中。

第 9 行代码更改 df3 的列标签。

第 10 行代码输出 df3 的结果，输出结果如图 7.2.4 所示。

第 11 行代码对 df2 和 df3 进行内连接，由于没有指定 on，所以用两个对象交集的列标签作为连接键值。

第 12 行代码输出合并后的结果，如图 7.2.5 所示。

第 13 行代码修改'平均月薪'列的格式，设置为保留 2 位小数。

第 14 行代码将最后的统计结果写入文件"data/月薪 2.xls"中，index=None 表示不保留行标签。

| [7]: | 公司 | 性别 | 数量 |
|---|---|---|---|
| 0 | A | 女 | 2 |
| 1 | A | 男 | 2 |
| 2 | B | 女 | 1 |
| 3 | B | 男 | 3 |
| 4 | C | 女 | 4 |
| 5 | C | 男 | 3 |
| 6 | D | 女 | 2 |
| 7 | D | 男 | 1 |

图 7.2.3　男员工和女员工的数量

| [10]: | 公司 | 性别 | 平均月薪 | 最高月薪 | 最低月薪 |
|---|---|---|---|---|---|
| 0 | A | 女 | 9000.000000 | 10000 | 8000 |
| 1 | A | 男 | 10000.000000 | 10000 | 10000 |
| 2 | B | 女 | 8000.000000 | 8000 | 8000 |
| 3 | B | 男 | 9000.000000 | 12000 | 7500 |
| 4 | C | 女 | 7000.000000 | 9000 | 5500 |
| 5 | C | 男 | 7666.666667 | 9000 | 6000 |
| 6 | D | 女 | 6000.000000 | 6000 | 6000 |
| 7 | D | 男 | 7000.000000 | 7000 | 7000 |

图 7.2.4　男员工和女员工的平均月薪、最高月薪和最低月薪

| [12]: | 公司 | 性别 | 数量 | 平均月薪 | 最高月薪 | 最低月薪 |
|---|---|---|---|---|---|---|
| 0 | A | 女 | 2 | 9000.000000 | 10000 | 8000 |
| 1 | A | 男 | 2 | 10000.000000 | 10000 | 10000 |
| 2 | B | 女 | 1 | 8000.000000 | 8000 | 8000 |
| 3 | B | 男 | 3 | 9000.000000 | 12000 | 7500 |
| 4 | C | 女 | 4 | 7000.000000 | 9000 | 5500 |
| 5 | C | 男 | 3 | 7666.666667 | 9000 | 6000 |
| 6 | D | 女 | 2 | 6000.000000 | 6000 | 6000 |
| 7 | D | 男 | 1 | 7000.000000 | 7000 | 7000 |

图 7.2.5　合并后的结果

## 任务实践 7-2：学生成绩数据的分组与聚合

微课视频

已知选修课 Java 程序设计的成绩数据集（data/java.xls），选修了该门课程的同学可能属于 3 个不同的班级，现要求按班级和性别统计人数及成绩数据的平均分、最高分、最低分，并将统计结果重新保存到文件"java2.xls"中。

任务分析：首先需要读取成绩数据集并将其保存为 DataFrame 对象，然后通过 groupby()方法进行分组，再调用 agg()方法进行统计计算，最后将统计结果保存到文件"java2.xls"中。

完成本任务的代码如下所示。

```
01  import pandas as pd
02  df = pd.read_excel('data/java.xls')
03  df.head(5)
04  df2=df.groupby(['班级','性别'], as_index=False).agg('count')
    #按班级统计男学生和女学生的数量
05  df2.columns=['班级','性别','数量']                    #修改 df2 的列标签
06  df2
07  #按班级统计男学生和女学生的平均分、最高分和最低分
    df3 = df.groupby(['班级','性别'], as_index=False).agg({'Java':['mean',
    'max','min']})
08  df3.columns=['班级','性别','平均分','最高分','最低分']    #修改 df3 的列标签
09  df3
10  cont = pd.merge(df2,df3,how='inner')        #合并 df2 和 df3，按交集的列标签内连接
11  cont['平均分']=cont['平均分'].round(2)          # '平均分'列保留 2 位小数
12  cont
13  cont.to_excel('data/java2.xls',index=None)      # 写入文件"data/java2.xls"中
```

第 2 行代码读取成绩数据集，并将其保存为 DataFrame 对象 df。

第 3 行代码显示前 5 行数据，输出结果如图 7.2.6 所示，成绩数据集包含班级、性别和 Java 成绩。

第 4 行代码按班级统计男学生和女学生的数量，通过设置 as_index=False，按整数下标对聚合后的数据重新设置行标签，并将完成聚合的结果保存到 df2 中。

第 5 行代码修改 df2 的列标签为'班级''性别''数量'。

第 6 行代码输出 df2 的结果，如图 7.2.7 所示。

第 7 行代码按班级统计男学生和女学生的平均分、最高分和最低分，调用 agg()方法，方法里面传递了字典，对'Java'列数据分别应用 mean()、max()和 min()函数，通过设置 as_index=False，按整数下标对聚合后的数据重新设置行标签，并将完成聚合的结果保存到对象 df3 中。

第 8 行代码修改 df3 的列标签为'班级''性别''平均分''最高分''最低分'。

第 9 行代码输出 df3 的结果，如图 7.2.8 所示。

第 10 行代码合并 df2 和 df3，按两者交集的列标签进行内连接。

第 11 行代码设置'平均分'列保留 2 位小数。

第 12 行代码输出合并后的统计结果，如图 7.2.9 所示。

第 13 行代码将合并后的统计结果写入文件"data/java2.xls"中。

| [3]: | 班级 | 性别 | Java |
| --- | --- | --- | --- |
| 0 | 1 | 男 | 90 |
| 1 | 2 | 男 | 86 |
| 2 | 2 | 女 | 85 |
| 3 | 3 | 男 | 78 |
| 4 | 3 | 女 | 73 |

图 7.2.6　df 的前 5 行数据

| [6]: | 班级 | 性别 | 数量 |
| --- | --- | --- | --- |
| 0 | 1 | 女 | 5 |
| 1 | 1 | 男 | 4 |
| 2 | 2 | 女 | 5 |
| 3 | 2 | 男 | 6 |
| 4 | 3 | 女 | 4 |
| 5 | 3 | 男 | 6 |

图 7.2.7　按班级统计男学生和女学生的数量

| [9]: | 班级 | 性别 | 平均分 | 最高分 | 最低分 |
| --- | --- | --- | --- | --- | --- |
| 0 | 1 | 女 | 84.400000 | 86 | 80 |
| 1 | 1 | 男 | 80.000000 | 90 | 68 |
| 2 | 2 | 女 | 90.000000 | 95 | 85 |
| 3 | 2 | 男 | 80.500000 | 92 | 68 |
| 4 | 3 | 女 | 80.000000 | 93 | 62 |
| 5 | 3 | 男 | 82.833333 | 96 | 75 |

图 7.2.8　按班级统计男学生和女学生的平均分、最高分和最低分

| [12]: | 班级 | 性别 | 数量 | 平均分 | 最高分 | 最低分 |
| --- | --- | --- | --- | --- | --- | --- |
| 0 | 1 | 女 | 5 | 84.40 | 86 | 80 |
| 1 | 1 | 男 | 4 | 80.00 | 90 | 68 |
| 2 | 2 | 女 | 5 | 90.00 | 95 | 85 |
| 3 | 2 | 男 | 6 | 80.50 | 92 | 68 |
| 4 | 3 | 女 | 4 | 80.00 | 93 | 62 |
| 5 | 3 | 男 | 6 | 82.83 | 96 | 75 |

图 7.2.9　合并后的统计结果

## 7.3　数据的可视化

微课视频

前文所介绍的内容都以表格的形式展现数据，pandas 结合 matplotlib 库，可以将数据以图表的形式进行可视化，反映出数据的各项特征。pandas 数据的可视化的实现底层依赖于 matplotlib 库，使用该库前，必须先安装并导入它。可以使用 conda 直接安装 matplotlib 库，语法格式如下所示。

```
conda install rmatplotlib
```

也可以使用 pip 安装，语法格式如下所示。

```
pip install rmatplotlib
```

pandas 的 DataFrame 和 Series 对象都自带生成各类图表的 plot()方法，可以直接通过参数来配置标题、网格、样式等，非常方便和简洁。以 DataFrame 对象为例，plot()方法的语法格式如下所示。

```
DataFrame.plot(x=None, y=None, kind='line', ax=None, subplots=False,
sharex=None, sharey=False, layout=None,figsize=None, use_index=True,
title=None, grid=None, legend=True, style=None, logx=False, logy=False,
loglog=False, xticks=None, yticks=None, xlim=None, ylim=None,rot=None,
xerr=None,secondary_y=False, sort_columns=False, **kwds)
```

plot()方法的常用参数说明如表 7.3.1 所示。

**表 7.3.1　plot()方法的常用参数说明**

| 序号 | 参数 | 说明 |
| --- | --- | --- |
| 1 | x | $x$ 轴的数据，指 DataFrame 对象的行标签或者整数下标 |
| 2 | y | $y$ 轴的数据，指 DataFrame 对象的列标签或者整数下标 |
| 3 | kind | 指定绘图类型，值为字符串，取值如下。<br>'line'：折线图，默认。<br>'bar'：条形图，stacked 为 True 时为堆叠的柱状图。<br>'barh'：横向条形图。<br>'hist'：直方图（表示数值频率分布）。<br>'box'：箱线图。<br>'kde'：密度图，主要对柱状图添加了 Kernel 概率密度曲线。<br>'density'：密度图。<br>'area'：与 $x$ 轴所围区域图（面积图）。stacked=True 时，每列数据必须全部为正值或负值；stacked=False 时，对数据没有要求。<br>'pie'：饼图，数值必须为正值，需指定 $y$ 轴或者 subplots=True。<br>'scatter'：散点图，需指定 $x$ 轴、$y$ 轴。<br>'hexbin'：蜂巢图，需指定 $x$ 轴、$y$ 轴 |
| 4 | title | 设置图的标题，其值为字符串或列表 |
| 5 | grid | 设置图中是否有网格，默认为 False，没有网格。若设置为 True，表示有网格 |
| 6 | subplots | 设置图中是否有子图，默认为 False，没有子图。若设置为 True，表示有子图 |
| 7 | layout | 设置子图的行/列布局，设置为(row,column)，row 表示行数，column 表示列数 |
| 8 | figsize | 设置子图的大小，设置为(width,height),width 表示子图宽度，height 表示子图高度 |
| 9 | legend | 设置是否显示子图的图例，布尔值，默认为 True，表示显示图例。如果设置为 False，表示不显示图例 |
| 10 | style | 指定图的线条等样式，取值如下。<br>':'：虚线。<br>'-.'：虚实相间。<br>'--'：长虚线。<br>'-'：实线（默认）。<br>'.'：点。<br>'*-'：实线，数值用星星表示。<br>'^-'：实线，数值用三角形表示 |
| 11 | autopct | 设置饼图百分比，可以使用格式化字符串或者 format()方法 |

　　接下来分别介绍 DataFrame 对象与 matplotlib 库配合，完成绘制折线图、条形图和饼图等常用图形的具体语法。

### 7.3.1　绘制折线图

折线图可以展示数据随时间的变化，适用于显示在相等时间间隔下数据的趋势，例如每月的销售数据、每日的气温变化、每小时的股票交易量等。在折线图中，一般 $x$ 轴表示时间，$y$ 轴表示要展示数据的数值。

已知北京 2019 年每月的气温数据集（data/北京 2019 气温数据.xlsx），利用 DataFrame 对象的plot()方法绘制折线图的代码如下所示。

```
01   import pandas as pd
02   df = pd.read_excel('data/北京2019气温数据.xlsx')
03   df
04   import matplotlib.pyplot as plt
05   plt.rcParams['font.sans-serif'] = ['SimHei']  #解决中文乱码的问题
06   plt.rcParams['axes.unicode_minus']=False      #解决图中坐标轴负号显示不全的问题
07   df.plot(x='月', y='平均最高气温(℃)',grid=True,title='北京2019年平均最高气温变化')
08   df.plot(x='月', y=['平均最高气温(℃)', '平均最低气温(℃)'],grid=True,title='北京2019年平均气温变化', ,style=['^-','*-'])
09   df.plot(x='月', y=['平均最高气温(℃)', '平均最低气温(℃)'], subplots=True, layout=(1,2), figsize=(10,2),grid=True,title='北京2019年平均气温变化',style=['^-','*-'])
```

第 2 行代码读取北京 2019 年每月的气温数据集，并将其保存到 DataFrame 对象 df 中。

第 3 行代码显示 df 的结果，如图 7.3.1 所示。

| [3]: | 月 | 平均最低气温(℃) | 平均最高气温(℃) |
|---|---|---|---|
| 0 | 1 | -6.9 | 4.5 |
| 1 | 2 | -5.6 | 4.7 |
| 2 | 3 | 2.8 | 16.3 |
| 3 | 4 | 8.1 | 20.7 |
| 4 | 5 | 14.4 | 28.8 |
| 5 | 6 | 21.3 | 31.9 |
| 6 | 7 | 23.2 | 33.0 |
| 7 | 8 | 21.0 | 30.6 |
| 8 | 9 | 17.2 | 29.0 |
| 9 | 10 | 8.1 | 19.7 |
| 10 | 11 | 1.5 | 10.5 |
| 11 | 12 | -5.4 | 3.9 |

图 7.3.1　北京 2019 年每月的气温数据

第 4 行代码导入 matplotlib 库的 pyplot 模块，并设置其别名为 plt。

第 5 行代码通过 plt 设置字体，解决标题、图例显示中文乱码的问题。由于数据中温度有零下温度，用负号表示。

第 6 行代码解决图中坐标轴负号显示不全的问题。

第 7 行代码绘制北京 2019 年每月的平均最高气温变化折线图，x 轴为月，y 轴为月平均最高气温，指定 grid=True 则会显示网格，用 title 指定图的标题，执行结果如图 7.3.2 所示。

第 8 行代码通过指定 y 轴的值来同时绘制北京 2019 年每月的平均最高气温和平均最低气温变化折线图，新增的参数 style=['^-','*-']指定线条的样式，'*-'表示实线，数值用星星表示；'^-'表示实线，数值用三角形表示，执行结果如图 7.3.3 所示。

第 9 行代码则通过设置参数 subplots=True 来绘制折线图子图，通过指定 y 轴的值来绘制平均最高气温和平均最低气温的变化折线图，layout=(1,2)表示子图的布局为 1 行 2 列，figsize=(10,2)设置子图的宽度和高度，执行结果如图 7.3.4 所示。

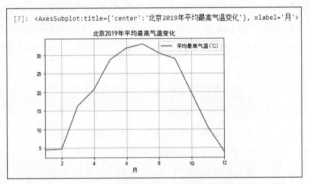

图 7.3.2　北京 2019 年每月的平均最高气温变化折线图

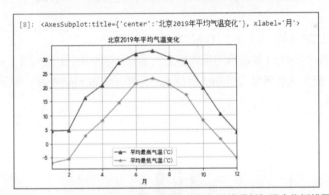

图 7.3.3　北京 2019 年每月的平均最高气温和平均最低气温变化折线图

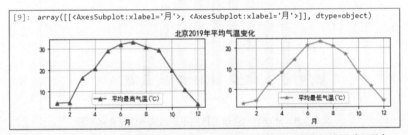

图 7.3.4　北京 2019 年每月的平均最高气温和平均最低气温变化折线图（子图）

### 7.3.2　绘制条形图

条形图，又称柱形图，是一种以长方形的高度（长度）为变量的统计图。条形图常常用来比较

**159**

两个或以上（不同时间或者不同条件）的数据。只有一个数据时，通常适合较小的数据集分析。条形图可横向排列，或用多维方式表达。

利用 DataFrame 对象的 plot()方法绘制条形图时要设置 kind='bar'，仍然使用北京 2019 年每月的气温数据集（data/北京 2019 气温数据.xlsx），完整的代码如下所示。

```
01  import pandas as pd
02  df = pd.read_excel('data/北京2019气温数据.xlsx')
03  df
04  import matplotlib.pyplot as plt
05  plt.rcParams['font.sans-serif'] = ['SimHei'] #解决中文乱码的问题
06  plt.rcParams['axes.unicode_minus']=False    #解决图中坐标轴负号显示不全的问题
07  df.plot(x='月', y='平均最高气温(℃)',kind='bar',grid=True,title='北京2019年
    平均气温变化')
08  df.plot(x='月', y=['平均最高气温(℃)', '平均最低气温(℃)'],kind='bar',grid=
    True,title='北京2019年平均气温变化')
09  df.plot(x='月', y=['平均最高气温(℃)', '平均最低气温(℃)'],kind='barh',
    grid=True,title='北京2019年平均气温变化')
10  df.plot(x='月', y=['平均最高气温(℃)', '平均最低气温(℃)'] kind='bar',
    subplots=True, layout=(1,2), figsize=(10,2),grid=True,title='北京2019年平
    均气温变化')
```

第 1~6 行代码的功能和 7.3.1 小节代码的功能一样。

第 7 行代码绘制北京 2019 年每月的平均最高气温变化条形图，$x$ 轴为月、$y$ 轴为月平均最高气温，设置 grid=True 则会显示网格，用 title 指定图的标题，设置 kind='bar'，表示绘制条形图，执行结果如图 7.3.5 所示。

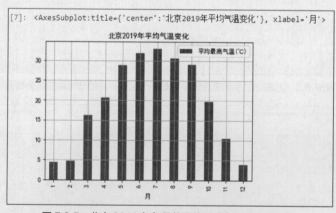

图 7.3.5　北京 2019 年每月的平均最高气温变化条形图

第 8 行代码通过指定 $y$ 轴的值来同时绘制北京 2019 年每月的平均最高气温和平均最低气温的变化条形图，其他参数和第 7 行代码的参数一样，执行结果如图 7.3.6 所示。

第 9 行代码设置 kind='barh'，表示绘制横向条形图，其他参数和第 8 行代码的参数一样，执行结果如图 7.3.7 所示。

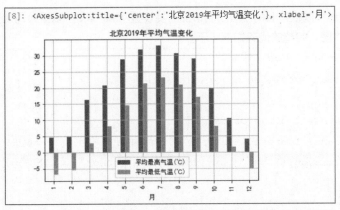

图 7.3.6　北京 2019 年每月的平均最高气温和平均最低气温变化条形图

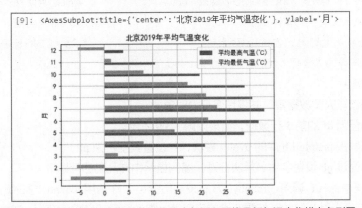

图 7.3.7　北京 2019 年每月的平均最高气温和平均最低气温变化横向条形图

第 10 行代码则通过设置参数 subplots=True 绘制子图，通过指定 $y$ 轴的值来绘制平均最高气温和平均最低气温的变化条形图，layout=(1,2)表示子图的布局为 1 行 2 列，figsize=(10,2)设置子图的宽度和高度，执行结果如图 7.3.8 所示。

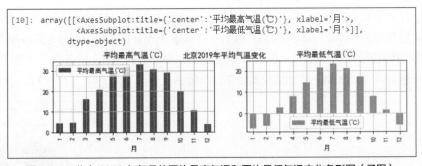

图 7.3.8　北京 2019 年每月的平均最高气温和平均最低气温变化条形图（子图）

### 7.3.3　绘制饼图

饼图常常用来显示数据各个部分占总体的百分比，例如男女性别的百分比、各项收入的百分比等。

利用 DataFrame 对象的 plot()方法绘制饼图时要设置 kind='pie'，以某公司人员数据集（data/人员.xls）为例绘制饼图，完整的代码如下所示。

```
01  import pandas as pd
02  df = pd.read_excel('data/人员.xls')
03  df.head()
04  import matplotlib.pyplot as plt
05  plt.rcParams['font.sans-serif'] = ['SimHei']            #解决中文乱码的问题
06  df2 = df.groupby(['学历'],as_index=False).count()       #按学历分组，并统计各组的
    数量
07  df2
08  df2.drop(['月薪'],axis=1,inplace=True)                  #删除'月薪'列
09  df2.columns=['学历','数量']                              #修改 df2 的列标签
10  df2.index=['大专','本科','硕士']                         #修改 df2 的行标签
11  df2.plot(y ='数量',kind='pie',autopct='%.0f%%',fontsize=14,legend=False)
    #绘制饼图
```

第 2 行代码读取人员数据集，并将其保存为对象 df。

第 3 行代码显示 df 的前 5 行数据，结果如图 7.3.9 所示。

第 4 行代码导入 matplotlib 库的 pyplot 模块，并设置其别名为 plt。

第 5 行代码通过 plt 设置字体，解决标题、图例显示中文乱码的问题。

第 6 行代码中的 df 调用 groupby()方法按学历分组，并调用 count()方法统计各组的数量，as_index=False 表示以默认整数下标重新设置行标签，将计算后的结果保存到 df2 中。

第 7 行代码显示 df2 的结果，如图 7.3.10 所示。可以看出多了一列'月薪'，需要删除，而且列标签需要改名。

第 8 行代码删除 df2 的'月薪'列。

第 9 行代码修改 df2 的列标签为['学历','数量']。

第 10 行代码修改 df2 的行标签为学历的各个取值，因为饼图默认以行标签作为图例。

在第 11 行代码中，kind='pie'表示绘制饼图，y ='数量'表示数据为按学历分组后各组的数量，用 autopct 设置饼图百分比，'%.0f%%'表示以整数百分比显示，fontsize 设置百分比的字体大小，legend=False 表示不显示图例，绘图结果如图 7.3.11 所示。

| [3]: | 编号 | 学历 | 月薪 |
|---|---|---|---|
| 0 | t001 | 大专 | 4500 |
| 1 | t002 | 本科 | 5000 |
| 2 | t003 | 本科 | 5500 |
| 3 | t004 | 硕士 | 6500 |
| 4 | t005 | 大专 | 4000 |

图 7.3.9  df 的前 5 行数据

| [7]: | 学历 | 编号 | 月薪 |
|---|---|---|---|
| 0 | 大专 | 5 | 5 |
| 1 | 本科 | 7 | 7 |
| 2 | 硕士 | 3 | 3 |

图 7.3.10  按学历分组后各组的数量

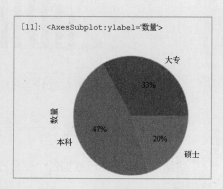

图 7.3.11  绘制学历分组的饼图

## 任务实践 7-3：学生期末考试成绩的可视化

微课视频

已知学生的期末考试成绩表（包括学号、Python 成绩、Java 成绩），部分数据如图 7.3.12 所示（完整数据见"data/期末考试成绩表.xls"），完成以下任务。

① 编写程序用条形图绘制出 Python、Java 课程的平均分、最高分及最低分，要求图中显示图例、标题。

② 用饼图绘制出 Python、Java 课程优秀（分数≥90）、良好（80≤分数＜90）、中等（80＞分数≥70）、及格（70＞分数≥60）、不及格（分数＜60）的百分比。要求两个图放在一个大图中，每个图都有子标题，所有百分比不保留小数位。

| 1 | 学号 | Python | Java |
|---|---|---|---|
| 2 | S01 | 73 | 72 |
| 3 | S02 | 87 | 90 |
| 4 | S03 | 66 | 81 |
| 5 | S04 | 75 | 65 |
| 6 | S05 | 81 | 81 |
| 7 | S06 | 88 | 67 |
| 8 | S07 | 72 | 80 |
| 9 | S08 | 89 | 70 |
| 10 | S09 | 95 | 90 |

图 7.3.12　期末考试成绩表部分数据

任务解析：任务①需要重新创建一个 DataFrame 对象，用于保存 Python 和 Java 课程的平均分、最高分及最低分，再调用 plot() 方法绘制出条形图。

任务②需要定义一个映射函数，然后对 Python 和 Java 成绩进行映射，分别生成 Python 等级和 Java 等级，并创建一个 DataFrame 对象来保存等级数据。新对象调用 groupby() 方法按照等级进行数量统计，获取数量值以后再次合并成一个新的 DataFrame 对象，然后调用 plot() 方法绘制出饼图。

完成任务的代码如下所示。

```
01  import pandas as pd
02  df = pd.read_excel('data/期末考试成绩表.xls')
03  import matplotlib.pyplot as plt
04  plt.rcParams['font.sans-serif'] = ['SimHei']  #解决中文乱码的问题
05  df2=pd.DataFrame({'科目':['Python','Java'],
                    '平均分': [format(df['Python'].mean(),'.2f'),
                    format(df['Java'].mean(),'.2f')],
                    '最高分':[df['Python'].max(),df['Java'].max()],
                    '最低分':[df['Python'].min(),df['Java'].min()]
                    },columns=['科目','平均分','最高分','最低分'])
06  df2
07  df2.plot(x='科目',y=['平均分','最高分','最低分'],kind='bar',grid=True,title=
    "期末成绩")
08  def grade(score):
        if score>=90:
            return '优秀'
```

```
        elif score>=80:
            return '良好'
        elif score>=70:
            return '中等'
        elif score>=60:
            return '及格'
        else:
            return '不及格'
09  df3=pd.DataFrame({'Python 等级':df['Python'].apply(lambda x: grade(x)),
                    'Java 等级':df['Java'].apply(lambda x: grade(x))})
10  df_python=df3.groupby('Python 等级',as_index=False).count()
11  df_python.index=['中等','优秀','及格','良好']
    df_python.drop('Python 等级',axis=1,inplace=True)
    df_python.rename(columns={'Java 等级':'Python 等级'},inplace=True)
12  df_python
13  df_java=df3.groupby('Java 等级',as_index=False).count()
14  df_java.index=['中等','优秀','及格','良好']
    df_java.drop('Java 等级',axis=1,inplace=True)
    df_java.rename(columns={'Python 等级':'Java 等级'},inplace=True)
15  df_java
16  df_grade=pd.concat([df_python,df_java],axis=1)
17  df_grade.plot(kind='pie', autopct='%.0f%%', subplots=True, fontsize=10,
    layout=(1,2),figsize=(9,4),legend=False)
```

第 2 行代码读取 data 目录下的文件"期末考试成绩表.xls"，并将其保存为 DataFrame 对象 df。

第 3 行和第 4 行代码解决中文乱码问题。

第 5 行代码创建一个 DataFrame 对象 df2，用于保存课程的平均分、最高分和最低分，分别调用 7.1 节介绍的统计方法进行计算，注意平均分的计算结果又调用了 round()方法设置小数位数，传递参'.2f'表示保留 2 位小数。

第 6 行代码输出 df2 的结果，如图 7.3.13 所示。

| [6]: | 科目 | 平均分 | 最高分 | 最低分 |
|---|---|---|---|---|
| **0** | Python | 80.42 | 95 | 60 |
| **1** | Java | 78.23 | 92 | 64 |

图 7.3.13　df2 的结果

第 7 行代码调用 plot()方法绘制条形图，以课程作为 $x$ 轴，通过 $y$ 轴赋值'平均分'、'最高分'、'最低分'3 个列标签，可以将 3 列数据绘制在一个条形图中，结果如图 7.3.14 所示。

第 8 行代码定义从分数到等级的映射函数。

第 9 行代码创建一个 DataFrame 对象 df3，其包括两列数据，即'Python 等级'和'Java 等级'。

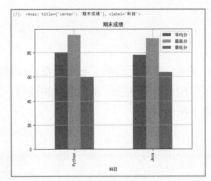

图 7.3.14　Python、Java 课程的平均分、最高分、最低分

第 10 行代码对 df3 调用 groupby()方法按'Python 等级'列分组，并调用 count()方法计算各组的数量，将结果保存到 df_python 中。

第 11 行代码包括 3 条语句，主要对 df_python 的行标签、数据和列标签等进行处理。

第 12 行代码输出处理后的 df_python 的结果，如图 7.3.15 所示。

第 13 行代码对 df3 调用 groupby()方法按'Java 等级'列分组，并调用 count()方法计算各组的数量，将结果保存到 df_java 中。

第 14 行代码包括 3 条语句，主要对 df_java 的行标签、数据和列标签等进行处理。

第 15 行代码输出处理后的 df_java 的结果，如图 7.3.16 所示。

| [12]: | Python等级 |
|---|---|
| 中等 | 8 |
| 优秀 | 4 |
| 及格 | 3 |
| 良好 | 11 |

图 7.3.15　df_python 的结果

| [15]: | Java等级 |
|---|---|
| 中等 | 7 |
| 优秀 | 6 |
| 及格 | 6 |
| 良好 | 7 |

图 7.3.16　df_Java 的结果

第 16 行代码横向堆叠合并 df_python 和 df_java，并将结果保存到 df_grade 中。

第 17 行代码通过 df_grade 调用 plot()方法，设置 kind='pie'来绘制饼图，用 autopct='%.0f%%'设置饼图数据的百分比不保留小数位，用 subplots=True 设置使用子图方式，这样 Python 等级和 Java 等级的子图将分别绘制，其他参数对子图的字体大小、行/列布局和大小等分别进行设置，结果如图 7.3.17 所示。

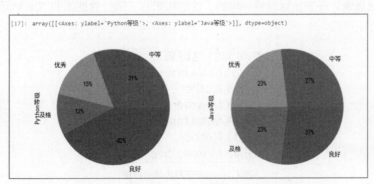

图 7.3.17　Python、Java 等级的分布百分比饼图

## 7.4 总结

数据描述是进行数据分析的基础。本单元介绍了在进行数据描述时常用的统计计算方法、分组和聚合操作，以及用于进行数据可视化的折线图、条形图和饼图等。

本单元知识点的思维导图如下所示。

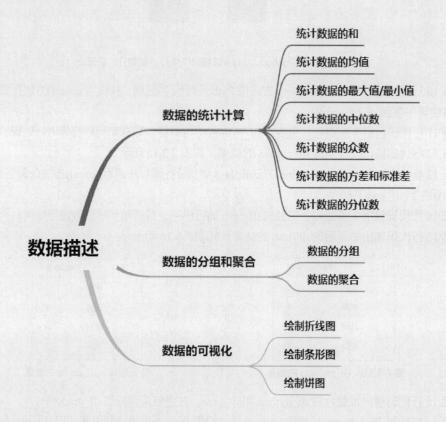

## 拓展实训：用户职业数据描述

已知用户信息表，该表包括编号、年龄、性别和职业，部分数据如图 7.1 所示（完整数据见"data/u.data"）。

```
编号,年龄,性别,职业
0,1,24,M,technician
1,2,53,F,other
2,3,23,M,writer
3,4,24,M,technician
4,5,33,F,other
5,6,42,M,executive
```

图 7.1　用户信息表部分数据

要求完成以下操作。

① 找出每一种职业的平均年龄，按照平均年龄从大到小排序，并绘制条形图。

② 找出从业人数最多的前 3 个职业，并按照男和女从业比例绘制饼图。

对于问题①，首先要通过职业进行分组，然后统计年龄的均值，再进行降序排列，最后绘制条形图。对于问题②，首先需要按从业人数降序排列，然后找出从业人数最多的前 3 个职业，再按照男和女从业比例绘制饼图。

## 课后习题

### 一、填空题

1. 在日常的数据分析中，经常需要将数据根据某个（多个）字段划分为不同的群体（组）进行分析，在 pandas 中能够实现分组操作的方法是（　　　　　　）。

2. pandas 结合（　　　　　）库，可以将数据以图表的形式可视化，反映出数据的各项特征。

3. 在数据的可视化中，（　　　　　）可以展示数据随时间的变化，适用于显示在相等时间间隔下数据的趋势。

4. （　　　　　）是各组数据与它们均值的差的平方，它的平方根被称为（　　　　　）。

5. （　　　　　）常常用来显示数据各个部分占总体的百分比，例如男女性别的百分比、各项收入的百分比等。

### 二、判断题

1. 数据描述是指通过计算统计量来描述数据的整体情况，或者绘制统计图表来描述数据的分布特征。（　　　）

2. 中位数又称中值，是按顺序排列的一组数据中居于中间位置的数据，不管数据个数是奇数还是偶数，计算方法都一样。（　　　）

3. 众数是指在一组数据中出现次数最多的数值。（　　　）

4. 分位数是指将一组数据划分为几个等份的数值点，一般可以取 0 ~ 100 的任意值。（　　　）

5. 利用 DataFrame 对象的 plot() 方法绘制的条形图只能纵向排列。（　　　）

### 三、单选题

1. 可以通过 DataFrame 对象的哪个方法统计行/列数据的中位数？（　　　）

 A. median()　　　　　　　　　　　B. mean()

 C. quantile()　　　　　　　　　　　D. mode()

2. 已知员工表数据保存在 df 中，结果如图 7.2 所示，按岗位统计年薪的均值的语句是（　　　）。

| | 岗位 | 年薪 |
|---|---|---|
| 1 | | |
| 2 | 高级工程师 | 20万 |
| 3 | 中级工程师 | 15万 |
| 4 | 初级工程师 | 10万 |
| 5 | 高级工程师 | 25万 |
| 6 | 中级工程师 | 18万 |
| 7 | 初级工程师 | 11万 |

图 7.2　df 的数据 1

 A. df.groupby(['岗位','年薪']).mean()

 B. df.groupby(['岗位']).mean()['年薪']

 C. df.groupby(['岗位'])['年薪'].mean()

 D. df.groupby(['岗位','年薪']).avg()

3. 已知学生成绩数据表保存在 df 中，结果如图 7.3 所示，计算 Python 课程的最高分和最低分的语句是（　　　）。

 A. df.sum({'Python':['max','min']})

| | 学号 | 性别 | Python |
|---|---|---|---|
| 1 | | | |
| 2 | S01 | 男 | 95 |
| 3 | S02 | 女 | 88 |
| 4 | S03 | 男 | 82 |
| 5 | S04 | 女 | 65 |
| 6 | S05 | 男 | 78 |
| 7 | S04 | 女 | 92 |

图 7.3　df 的数据 2

**167**

B. df.agg({'Python':['max','min']})

C. df({'Python','max','min'}).agg()

D. df.agg(['Python':{'max','min'}])

4. 下面关于 DataFrame 对象的 plot()方法的参数说明，错误的是（　　　）。

A. title 用于设置图的标题

B. 若 grid 设置为 True，表示有网格

C. 若 subplots 设置为 True，表示有子图

D. 若 legend 设置为 True，表示不显示图例

5. 已知某商品每月的销售数据如图 7.4 所示，要求绘制每月销售额的变化折线图，并设置图的标题为每月销售额，正确的语句是（　　　）。

A. df.plot(x='月', y='销售额')

B. df.plot(x='销售额', y='月')

C. df.plot(x='月', y='销售额',title='每月销售额')

D. df.plot(x='销售额', y='月',text='每月销售额')

| 1 | 月 | 销售额 |
|---|---|---|
| 2 | 1 | 5000 |
| 3 | 2 | 3500 |
| 4 | 3 | 6000 |
| 5 | 4 | 7000 |
| 6 | 5 | 4000 |
| 7 | 6 | 4500 |

图 7.4　某商品每月的销售数据

**四、编程题**

如图 7.5 所示，已知部分人员的体重信息（data/weight.txt），按性别分别计算体重的均值、最大值和最小值，并根据计算结果绘制横向的条形图，设置图的标题为体重。

```
编号,性别,体重
1,男,150
2,男,140
3,女,120
4,女,100
5,男,135
6,男,125
7,女,95
8,女,105
9,男,118
10,男,127
```

图 7.5　部分人员的体重信息

# 单元 8

# 综合案例：网易云音乐数据预处理

## 08

## 学习目标

◇ 通过一个综合案例掌握数据预处理的基本流程

◇ 掌握使用 pandas 进行数据预处理和数据描述的主要方法

---

知是行的主意，行是知的功夫；知是行之始，行是知之成。

——王守仁《传习录》

"知行合一"是由明朝思想家王守仁提出来的，即认识事物的道理与实行其事，是密不可分的。"知"是指内心的觉知、对事物的认识；"行"是指人的实际行为。"知行合一"的真正意义在于，让我们学会在"知"中去"行"，同时也在"行"中去探"知"，以达到"知"和"行"的同步。就好比我们在学习的时候，要时刻求"放心"——把心放到学习的过程中，从"行"的层面去思考学习的意义。在学习中，我们要善于尝试、勇于尝试，将自己的想法付诸实践，在实践中不断求索真知，不断提高解决问题的能力。国家领导人也多次强调"知行合一"，就是号召我们以"知行合一"精神践行社会主义核心价值观，并以自己的实际行动为中华民族伟大复兴中国梦之实现而奉献！

2021 年 10 月 1 日是中华人民共和国成立 72 周年，本单元爬取了网易云音乐歌单"庆祝中华人民共和国成立 72 周年"，分别获取了歌曲信息数据集、用户信息数据集和用户评论数据集。本单元以这 3 个数据集为例，展示数据预处理的完整流程。首先读取获得的网易云音乐的歌曲信息数据集、用户信息数据集和用户评论数据集。然后对上述数据集进行数据合并、数据清洗、数据变换和数据描述。通过简单的图形展示不同年龄、不同地区用户听该歌单中歌曲的情况，完成以下任务（年龄按 00 后、90 后、80 后、70 后统计）。

① 按月份展示用户对该歌单中歌曲的评论数量。

② 受欢迎的歌曲 Top10。

③ 受欢迎的歌手（不包括合唱团、群星）Top10。

④ 评论该歌单的用户最多的前 10 个省份（直辖市）。

⑤ 评论该歌单的用户的年龄分布。

⑥ 黑胶会员最多的前 10 个省份（直辖市）。

⑦ 黑胶会员的年龄分布。

## 8.1 数据读取

首先分别读取获得的网易云音乐的歌曲信息数据集（data/music.csv）、用户信息数据集（data/user.csv）和用户评论数据集（data/record.csv），并查看数据的基本情况，代码如下所示。

```
01   import pandas as pd
02   music = pd.read_csv('data/music.csv')
03   music.head()
04   music.shape
05   user = pd.read_csv('data/user.csv')
06   user.head()
07   user.shape
08   record = pd.read_csv('data/record.csv')
09   record.head()
10   record.shape
```

第 2 行代码通过 pandas 调用 read_csv()方法读取歌曲信息数据集，并将其保存为 DataFrame 对象 music。

第 3 行代码通过 music 调用 head()方法，查看前 5 行数据，如图 8.1.1 所示，歌曲信息数据集包含歌曲名、歌手、所属专辑和文件类型等信息。

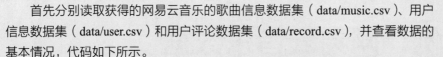

| [3]: | | 歌曲名 | 歌手 | 所属专辑 | 文件类型 |
|---|---|---|---|---|---|
| | 0 | 我和我的祖国 电影《我和我的祖国》主题曲 | ['王菲'] | 我和我的祖国 | m4a |
| | 1 | 没有共产党就没有新中国 | ['群星'] | 献给党诞辰90周年 | m4a |
| | 2 | 灯火里的中国 (舒楠监制 ▓▓正式版) | ['张也', '周深'] | 灯火里的中国 | m4a |
| | 3 | 不忘初心 舒楠监制 ▓▓正式版 | ['韩磊', '谭维维'] | 不忘初心 | m4a |
| | 4 | 看山看水看中国 | ['吕继宏', '张也'] | 2017年中央电视台春节联欢晚会 | m4a |

图 8.1.1　歌曲信息数据集的前 5 行数据

第 4 行代码查看歌曲信息数据集的大小，如图 8.1.2 所示，有 98 首歌曲。

```
[4]: (98, 4)
```

图 8.1.2　歌曲信息数据集的大小

第 5 行代码通过 pandas 调用 read_csv()方法读取用户信息数据集，并将其保存为 DataFrame 对象 user。

第 6 行代码通过 user 调用 head()方法，查看前 5 行数据，如图 8.1.3 所示，用户信息数据集包含id、用户等级、vip、累计听歌数量、所在地区、生日和粉丝数等信息。

第 7 行代码查看用户信息数据集的大小，如图 8.1.4 所示，有 1959 条用户信息数据。

第 8 行代码通过 pandas 调用 read_csv()方法读取用户评论数据集，并将其保存为 DataFrame 对象 record。

第 9 行代码通过 record 调用 head()方法，查看前 5 行数据，如图 8.1.5 所示，用户评论数据集包含 id、歌曲名、点赞数和评论时间等信息。

第 10 行代码查看用户评论数据集的大小，如图 8.1.6 所示，有 1791 条用户评论数据。

| [6]: | id | 用户等级 | vip | 累计听歌数量 | 所在地区 | 生日 | 粉丝数 |
|---|---|---|---|---|---|---|---|
| 0 | 3273682609 | 1 | 普通用户 | 30 | 湖南省·长沙市 | 用户未填写 | 0 |
| 1 | 315252098 | 8 | 黑胶会员 | 3388 | 用户未填写 | 894470400 | 19 |
| 2 | 507403640 | 9 | 黑胶会员 | 15186 | 广东省·广州市 | 488736000 | 15 |
| 3 | 577285067 | 8 | 普通用户 | 7810 | 云南省·昆明市 | 630777600 | 1 |
| 4 | 599648714 | 9 | 普通用户 | 9261 | 河南省·南阳市 | 907257600 | 2 |

图 8.1.3　用户信息数据集的前 5 行数据

[7]: (1959, 7)

图 8.1.4　用户信息数据集的大小

| [9]: | id | 歌曲名 | 点赞数 | 评论时间 |
|---|---|---|---|---|
| 0 | 3313239631 | 我和我的祖国 电影《我和我的祖国》主题曲 | 0 | 2021-11-28 10:06:45 |
| 1 | 598857949 | 我和我的祖国 电影《我和我的祖国》主题曲 | 0 | 2021-11-26 10:11:54 |
| 2 | 443741728 | 我和我的祖国 电影《我和我的祖国》主题曲 | 0 | 2021-11-28 05:50:24 |
| 3 | 1797557634 | 我和我的祖国 电影《我和我的祖国》主题曲 | 2 | 2021-11-27 17:44:07 |
| 4 | 1383223697 | 我和我的祖国 电影《我和我的祖国》主题曲 | 0 | 2021-11-27 18:37:33 |

图 8.1.5　用户评论数据集的前 5 行数据

[10]: (1791, 4)

图 8.1.6　用户评论数据集的大小

## 8.2 数据合并

为了解不同年龄、不同地区用户听该歌单中歌曲的情况，需要对歌曲信息数据集、用户信息数据集和用户评论数据集进行合并。歌曲信息数据集有唯一的键值歌曲名，用户信息数据集有唯一键值 id，用户评论数据集的主键包含 id 和歌曲名。

所以本节采用主键合并的方式对这 3 个数据集两两合并，代码如下所示。

```
11   df = pd.merge(record,user,how='inner',on='id')
12   df.head(5)
13   df.shape
14   df2=pd.merge(df,music,how='left',on='歌曲名')
15   df2.head(5)
16   df2.shape
```

第 11 行代码通过 pandas 调用 merge()方法合并用户评论数据集（已存为 DataFrame 对象 record）和用户信息数据集（已存为 DataFrame 对象 user），how='inner'表示内连接，on='id'表示指定以 id 作为键值进行合并，合并后的结果保存为 DataFrame 对象 df。

第 12 行代码查看 df 的前 5 行数据，如图 8.2.1 所示。

| [12]: | | id | 歌曲名 | 点赞数 | 评论时间 | 用户等级 | vip | 累计听歌数量 | 所在地区 | 生日 | 粉丝数 |
|---|---|---|---|---|---|---|---|---|---|---|---|
| | 0 | 6288427253 | 不忘初心 舒楠监制 ▇▇正式版 | 0 | 2021-11-22 18:55:23 | 3 | 黑胶会员 | 150 | 江西省·赣州市 | 用户未填写 | 1 |
| | 1 | 1899308789 | 不忘初心 舒楠监制 ▇▇正式版 | 4 | 2021-11-21 23:12:27 | 5 | 普通用户 | 367 | 用户未填写 | 用户未填写 | 2 |
| | 2 | 3305286529 | 看山看水看中国 | 0 | 2021-11-16 00:36:08 | 6 | 普通用户 | 616 | 用户未填写 | 用户未填写 | 2 |
| | 3 | 348857089 | 看山看水看中国 | 3 | 2021-11-10 21:10:08 | 8 | 普通用户 | 6884 | 安徽省·合肥市 | 用户未填写 | 1 |
| | 4 | 1306624900 | 看山看水看中国 | 7 | 2021-11-06 19:20:22 | 7 | 普通用户 | 1109 | 江苏省·南京市 | 用户未填写 | 3 |

图 8.2.1 df 的前 5 行数据

第 13 行代码查看 df 的大小，如图 8.2.2 所示。

```
[13]: (2069, 10)
```

图 8.2.2 df 的大小

第 14 行代码通过 pandas 调用 df 和歌曲信息数据集（已存为 DataFrame 对象 music），how='left'表示左连接，on='歌曲名'表示指定以歌曲名作为键值进行合并，合并后的结果保存为 DataFrame 对象 df2。

第 15 行代码查看 df2 的前 5 行数据，如图 8.2.3 所示。

| [15]: | | id | 歌曲名 | 点赞数 | 评论时间 | 用户等级 | vip | 累计听歌数量 | 所在地区 | 生日 | 粉丝数 | 歌手 | 所属专辑 | 文件类型 |
|---|---|---|---|---|---|---|---|---|---|---|---|---|---|---|
| | 0 | 6288427253 | 不忘初心 舒楠监制 ▇正式版 | 0 | 2021-11-22 18:55:23 | 3 | 黑胶会员 | 150 | 江西省·赣州市 | 用户未填写 | 1 | [韩磊, 谭维维] | 不忘初心 | m4a |
| | 1 | 1899308789 | 不忘初心 舒楠监制 ▇正式版 | 4 | 2021-11-21 23:12:27 | 5 | 普通用户 | 367 | 用户未填写 | 用户未填写 | 2 | [韩磊, 谭维维] | 不忘初心 | m4a |
| | 2 | 3305286529 | 看山看水看中国 | 0 | 2021-11-16 00:36:08 | 6 | 普通用户 | 616 | 用户未填写 | 用户未填写 | 2 | [吕继宏, 张也] | 2017年中央电视台春节联欢晚会 | m4a |
| | 3 | 348857089 | 看山看水看中国 | 3 | 2021-11-10 21:10:08 | 8 | 普通用户 | 6884 | 安徽省·合肥市 | 用户未填写 | 1 | [吕继宏, 张也] | 2017年中央电视台春节联欢晚会 | m4a |
| | 4 | 1306624900 | 看山看水看中国 | 7 | 2021-11-06 19:20:22 | 7 | 普通用户 | 1109 | 江苏省·南京市 | 用户未填写 | 3 | [吕继宏, 张也] | 2017年中央电视台春节联欢晚会 | m4a |

图 8.2.3 df2 的前 5 行数据

第 16 行代码查看 df2 的大小，如图 8.2.4 所示。

```
[16]: (2347, 13)
```

图 8.2.4 df2 的大小

## 8.3 数据清洗

接下来对合并后的数据进行清洗。经过合并后，数据中包含的列很多，有些列对后续的分析结果没有影响，可以考虑删除。从 8.2 节显示的结果可以看出，有些列可能存在缺失值，需要进行处理。合并后的数据条目增加了，考虑数据集中可能存在重复值，也需要进行处理。

对合并后的 df2 分别进行删除多余值、处理缺失值和重复值等操作，代码如下所示。

```
17   #删除多余值
     df3=df2.drop(['点赞数','累计听歌数量','粉丝数','文件类型',
     '所属专辑'],axis=1)
18   import numpy as np
19   df3.replace('用户未填写',np.nan,inplace=True)
20   df3.isnull().sum()
21   df3.dropna(inplace=True)
22   df3.duplicated().sum()        #查看重复值，并统计重复值个数
23   df3.drop_duplicates(inplace=True)
24   df3.shape
```

第 17 行代码删除多余值，DataFrame 对象 df2 调用 drop()方法，删除'点赞数''累计听歌数量'
'粉丝数''文件类型''所属专辑'等多余列，axis=1 表示删除列，并将删除后的数据保存为 DataFrame
对象 df3。

第 18 行代码导入 numpy 库，并将其命名为 np。

第 19 行代码将'用户未填写'替换为空值，这里用 np.nan 进行赋值，inplace=True 表示直接更改
原数据。

第 20 行代码查看每一列空值的个数，结果如图 8.3.1 所示，'所在地区'列和'生日'列存在大量的
空值。

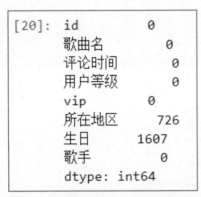

图 8.3.1　查看 df3 的每一列空值的个数

第 21 行代码直接删除包含空值的行，inplace=True 表示直接更改原数据。

第 22 行代码查看重复值，并统计重复值个数，结果如图 8.3.2 所示，df3 中存在重复值。

```
[22]: 141
```

图 8.3.2　查看 df3 的重复值

第 23 行代码通过 df3 调用 drop_duplicates()方法删除重复值，inplace=True 表示直接更改原数据。

第 24 行代码查看 df3 的大小，如图 8.3.3 所示，经过数据清洗，df3 只有 517 行数据。

```
[24]:  (517, 8)
```

图 8.3.3　查看 df3 的大小

# 8.4　数据变换

为了获得最后的数据分析结果，还需要对数据进行一些变换。例如，有些歌曲名还包括专辑数据，应该去除。由于本单元的任务①想要展示用户评论按月份分布的情况，所以需要对评论时间进行变换，截取出年、月、日。所在地区既包含省份（直辖市），又包含城市，需要对数据进行分割。有些歌曲的歌手有多个，需要进行处理。

接下来，对歌曲名、评论时间、所在地区、生日、歌手等数据进行变换，代码如下所示。

```python
25  df3['歌曲名']=df3['歌曲名'].str.split(' ',expand=True)[0]
26  df3['歌曲名']=df3['歌曲名'].str.split(' (',expand=True)[0]
27  df3['歌曲名']=df3['歌曲名'].replace('歌曲: ','',regex=True)
28  df3['评论时间']=pd.to_datetime(df3['评论时间'])
29  df3['评论年']= df3['评论时间'].dt.year
30  df3['评论月'] = df3['评论时间'].dt.month
31  df3['评论日'] = df3['评论时间'].dt.day
32  df3.drop(['评论时间'],axis=1,inplace=True)
33  df3.loc[:,['所在地区']]= df3['所在地区'].str.split('·',expand=True)[0]
34  import time
35  def transfer(s):
        s1=time.strftime('%Y-%m-%d %H:%M:%S', time.localtime(int(s)))
        s2=pd.Series(pd.to_datetime(s1)).dt.year.item()
        if s2 >=2000:
            s2 = '00'
        elif  s2 >= 1990:
            s2 = '90'
        elif s2 >= 1980:
            s2 = '80'
        else:
            s2 = '70'
        return s2
36  df3['生日']=df3['生日'].apply(transfer)
37  df3.rename(columns={'生日':'年龄'},inplace=True)
38  df3['歌手']=df3['歌手'].replace(r'\[|\]|\'','',regex=True)
39  df3['歌手']=df3['歌手'].replace('\、',',',regex=True)
40  df3['歌手']=df3['歌手'].str.split(',',expand=True)[0]
41  df3.head(5)
```

第 25～27 行代码对'歌曲名'列进行变换。

第 25 行代码，用空格分隔出歌曲名。

第 26 行代码，用'（'分隔出歌曲名。

第 27 行代码把歌曲名中多余的字符'歌曲：'替换为空字符串。

第 28～32 行代码对'评论时间'列进行变换。

在第 28 行代码中，pandas 调用 to_datetime()方法把评论时间转换成统一的格式。

第 29～31 行代码，分别获得评论时间中的年、月和日，并分别新增相应的列保存分隔以后的结果。

第 32 行代码从 df3 中删除'评论时间'列，axis=1 表示对列操作，inplace=True 表示修改原数据。

第 33 行代码对'所在地区'列进行变换，df3['所在地区'].str 用于获得该列的字符串值，再调用字符串分隔方法 split()，按·'对'所在地区'列进行拆分，只保留省份（直辖市），并重新赋值给'所在地区'列。

第 34～37 行代码对'生日'列进行变换。

第 34 行代码导入时间库 time。

第 35 行代码定义了一个 transfer()函数，首先把表示生日的时间戳转换为年的格式，然后进行映射转换，大于等于 2000 的转换为'00'，1990～1999 转换为'90'，1980～1989 转换为'80'，其他的转换为'70'。

在第 36 行代码中，df3['生日']调用 apply()方法，通过传递 transfer()函数，进行数据变换，并重新赋值给 df3['生日']保存。

第 37 行代码将'生日'列重新命名为'年龄'。

第 38～40 行代码对'歌手'列进行变换。

在第 38 行代码中，df3['歌手']通过调用 replace()方法，将'歌手'列中的'['、']'、','去除，regex=True 表示使用正则表达式。

第 39 行代码把'歌手'列中的'、'替换为','。

第 40 行代码对'歌手'列的字符串以','作为分隔符进行拆分，只保留第一个歌手名。

第 41 行代码显示经过上述变换后的 df3 的前 5 行数据，如图 8.4.1 所示。

| [41]: | | id | 歌曲名 | 用户等级 | vip | 所在地区 | 年龄 | 歌手 | 评论年 | 评论月 | 评论日 |
|---|---|---|---|---|---|---|---|---|---|---|---|
| | 6 | 3973535259 | 看山看水看中国 | 6 | 普通用户 | 安徽省 | 00 | 吕继宏 | 2021 | 11 | 4 |
| | 215 | 555596823 | 看山看水看中国 | 9 | 黑胶会员 | 江西省 | 00 | 吕继宏 | 2021 | 10 | 1 |
| | 216 | 313988204 | 看山看水看中国 | 8 | 普通用户 | 福建省 | 00 | 吕继宏 | 2021 | 10 | 1 |
| | 218 | 1815144810 | 看山看水看中国 | 7 | 普通用户 | 湖北省 | 00 | 吕继宏 | 2021 | 10 | 1 |
| | 224 | 406370227 | 我的祖国 | 8 | 普通用户 | 湖南省 | 00 | 佟丽娅 | 2021 | 11 | 19 |

图 8.4.1　查看经过变换以后 df3 的前 5 行数据

## 8.5　数据描述

本节通过折线图、条形图和饼图展示不同年龄、不同地区的用户听该歌单中歌曲的情况，代码如下所示。

微课视频

```
42  import matplotlib.pyplot as plt
43  plt.rcParams['font.sans-serif'] = ['SimHei'] #解决中文乱码的问题
```

```
44   df3['数量']=0
45   #任务①：按月份展示用户对该歌单中歌曲的评论数量
     df_m_song = df3.groupby('评论月',as_index=False)['数量'].count()
46   df_m_song.plot(x='评论月', y='数量',grid=True,title='用户每月对该歌单的评论情况')
47   #任务②：受欢迎的歌曲 Top10
     df_song = df3.groupby('歌曲名',as_index=False)['数量'].count().sort_values
     ('数量', ascending=False)
48   df_song.head(10).plot(x='歌曲名', y='数量',kind='barh',grid=True,title='受
     欢迎的歌曲 Top10')
49   #任务③：受欢迎的歌手（不包括合唱团、群星）Top10
     df_singer = df3.groupby('歌手',as_index=False)['数量'].count()
50   df_singer=df_singer[(df_singer['歌手'].str.contains('合唱团')==False) &
     (df_singer['歌 手 '].str.contains(' 群 星 ')==False)].sort_values(' 数 量
     ',ascending=False)
51   df_singer.head(10).plot(x='歌手', y='数量',kind='barh',grid=True,title='受
     欢迎的歌手 Top10')
52   #任务④：评论该歌单的用户最多的前 10 个省份（直辖市）
     df_province = df3.groupby('所在地区',as_index=False)['数量'].count().sort_values
     ('数量', ascending=False)
53   df_province.head(10).plot(x='所在地区', y='数量',kind='bar',grid=True,title=
     '评论该歌单的用户最多的前 10 个省份（直辖市）')
54   #任务⑤：评论该歌单的用户的年龄分布
     df_age = df3.groupby('年龄',as_index=False)['数量'].count().sort_values('
     数量', ascending=False)
55   df_age.index=['00 后','90 后','80 后','70 后']
56   df_age.plot(y ='数量',kind='pie',autopct='%.0f%%',fontsize=14,legend=False)
     #绘制饼图
57   #任务⑥：黑胶会员最多的前 10 个省份（直辖市）
     df_vip = df3[df3['vip']=='黑胶会员'].groupby('所在地区',as_index=False)['数
     量'].count(). sort_values('数量',ascending=False)
58   df_vip.head(10).plot(x='所在地区', y='数量',kind='bar',grid=True,title='黑
     胶会员最多的前 10 个省份（直辖市）')
     #任务⑦：黑胶会员的年龄分布
59   df_vip_age = df3[df3['vip']=='黑胶会员'].groupby('年龄',as_index=False)['数
     量'].count(). sort_values('数量',ascending=False)
60   df_vip_age.index=['00 后','90 后','80 后','70 后']
61   df_vip_age.plot(y ='数量',kind='pie',autopct='%.0f%%',fontsize=14,legend=
     False) #绘制饼图
```

第 42 行代码导入绘图相关的库。

第 43 行代码解决中文乱码的问题。

第 44 行代码新增一列'数量'用于保存后续相关统计的结果。

第 45 行和第 46 行代码完成任务①：按月份展示用户对该歌单中歌曲的评论数量。在第 45 行代码中，df3 调用 groupby()方法按'评论月'列进行分组，调用 count()方法统计用户对该歌单中歌曲的评论数量，并将结果保存到新增列'数量'中，as_index=False 表示重新按序号设置行标签。

第 46 行代码以'评论月'作为 x 轴，'数量'作为 y 轴绘制折线图，结果如图 8.5.1 所示。可以看出，10 月和 11 月是用户对该歌单中歌曲的评论数量较多的月份。

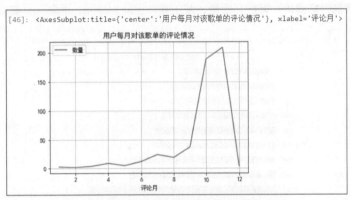

图 8.5.1　用户每月对该歌单的评论情况

第 47 行和第 48 行代码完成任务②：受欢迎的歌曲 Top10。

在第 47 行代码中，df3 调用 groupby()方法按'歌曲名'进行分组，调用 count()方法进行统计，并将结果保存到新增列'数量'中，as_index=False 表示重新按序号设置行标签，然后对统计后的结果调用 sort_values()方法按'数量'排序，ascending=False 表示降序排列，统计后的结果保存到 DataFrame 对象 df_song 中。

在第 48 行代码中，df_song 调用 head(10)获取前 10 行数据，以'歌曲名'作为 x 轴，'数量'作为 y 轴绘制条形图，kind='barh'表示绘制横向条形图，结果如图 8.5.2 所示。可以看出，受欢迎的歌曲 Top10 的名称分别是：不忘初心、那就是我、中国人民志愿军战歌、我们走在大路上、万里长城永不倒、千年之约、歌唱祖国、为了谁、江山、我爱祖国的蓝天。

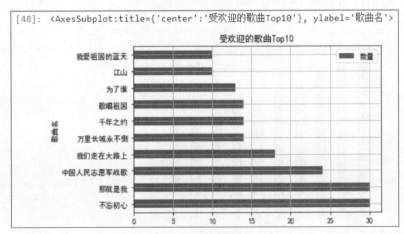

图 8.5.2　受欢迎的歌曲 Top10

第 49 ~ 51 行代码完成任务③：受欢迎的歌手（不包括合唱团、群星）Top10。在第 49 行代码中，df3 调用 groupby()方法按'歌手'进行分组，调用 count()方法进行统计，并将结果保存到新增列'数量'中，as_index=False 表示重新按序号设置行标签，统计后的结果保存到 DataFrame 对象 df_singer 中。

在第 50 行代码中，df_singer 通过条件筛选，排除歌手名称中包含'合唱团''群星'等字符串的歌手，然后对筛选后的结果调用 sort_values()方法按'数量'排序，ascending=False 表示降序排列。

在第 51 行代码中，df_singer 调用 head(10)获取前 10 行数据，以'歌手'作为 $x$ 轴，'数量'作为 $y$ 轴绘制条形图，kind='barh'表示绘制横向条形图，结果如图 8.5.3 所示。可以看出，受欢迎的歌手 Top10 的名称分别是：韩磊、廖昌永、韩红、霍勇、戴玉强、王莉、孙楠、祖海、平安、侯牧人。

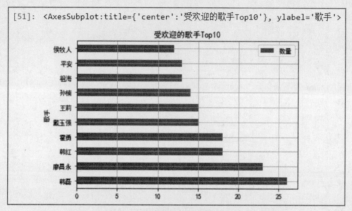

图 8.5.3　受欢迎的歌手 Top10

第 52 行和第 53 行代码完成任务④：评论该歌单的用户最多的前 10 个省份（直辖市）。

在第 52 行代码中，df3 调用 groupby()方法按'所在地区'进行分组，调用 count()方法进行统计，并将结果保存到新增列'数量'中，as_index=False 表示重新按序号设置行标签，统计后的结果保存到 DataFrame 对象 df_province 中。

在第 53 行代码中，df_province 调用 head(10)获取前 10 行数据，再调用 plot()方法，以'所在地区'作为 $x$ 轴，'数量'作为 $y$ 轴绘制条形图，kind='barh'表示绘制横向条形图，结果如图 8.5.4 所示。可以看出，评论该歌单的用户最多的前 10 个省份（直辖市）分别是：北京市、广东省、江苏省、山东省、浙江省、河南省、安徽省、湖南省、湖北省和四川省。

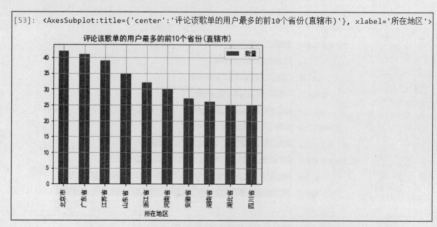

图 8.5.4　评论该歌单的用户最多的前 10 个省份（直辖市）

第 54～56 行代码完成任务⑤：评论该歌单的用户的年龄分布。

在第 54 行代码中，df3 调用 groupby()方法按'年龄'进行分组，再调用 count()方法进行统计，并将结果保存到新增列'数量'中，as_index=False 表示重新按整数下标设置行标签，统计后的结果保存到 DataFrame 对象 df_age 中。

第 55 行代码设置行标签为['00 后','90 后','80 后','70 后']。

在第 56 行代码中，df_age 调用 plot()方法，以行标签作为图例，以'数量'作为 y 轴绘制饼图，结果如图 8.5.5 所示。可以看出，在评论过该歌单歌曲的用户中，00 后占 47%、90 后占 46%、80 后占 6%、70 后占 1%，用户群体以 00 后和 90 后年轻人为主。

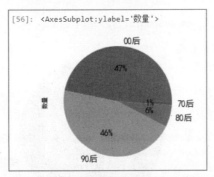

图 8.5.5　评论该歌单的用户的年龄分布

第 57 行和第 58 行代码完成任务⑥：黑胶会员最多的前 10 个省份（直辖市）。如果用户是黑胶会员，表示用户在网易云音乐付费听歌。

在第 57 行代码中，df3 先筛选出'vip'=='黑胶会员'的数据，再调用 groupby()方法按'所在地区'进行分组，调用 count()方法进行统计，并将结果保存到新增列'数量'中，as_index=False 表示重新按整数下标设置行标签，统计后的结果保存到 DataFrame 对象 df_vip 中。

在第 58 行代码中，df_vip 调用 head(10)获取前 10 行数据，再调用 plot()方法，以'所在地区'作为 x 轴，'数量'作为 y 轴绘制条形图，结果如图 8.5.6 所示。可以看出，黑胶会员最多的前 10 个省份（直辖市）分别是：北京市、广东省、江苏省、山东省、浙江省、四川省、湖南省、河南省、云南省和重庆市。

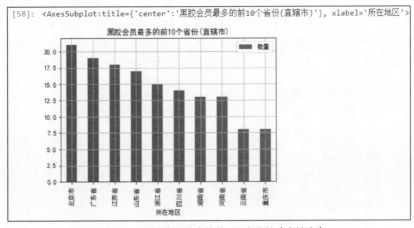

图 8.5.6　黑胶会员最多的前 10 个省份（直辖市）

第 59～61 行代码完成任务⑦：黑胶会员的年龄分布。

在第 59 行代码中，df3 先筛选出'vip'=='黑胶会员'的数据，再调用 groupby()方法按'年龄'进行分组，调用 count()方法进行统计，并将结果保存到新增列'数量'中，as_index=False 表示重新按整数下标设置行标签，统计后的结果保存到 DataFrame 对象 df_vip_age 中。

第 60 行代码设置行标签为['00 后','90 后','80 后','70 后']。

在第 61 行代码中，df_vip_age 调用 plot()方法，以行标签作为图例，以'数量'作为 y 轴绘制饼图，结果如图 8.5.7 所示。可以看出，在愿意花钱听歌的用户中，00 后占 55%、90 后占 35%、80 后占 8%、70 后占 2%，00 后用户比 90 后用户更愿意花钱听歌。

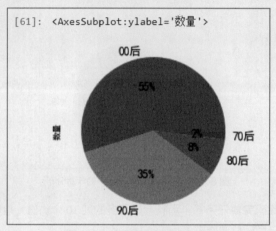

图 8.5.7　黑胶会员的年龄分布

## 8.6　总结

本单元通过一个综合案例，展示了数据预处理的完整流程，包括数据获取、数据合并、数据清洗、数据变换和数据描述等。